ATLAS OF THE NATIONAL KEY PROTECTED WILD PLANTS IN FUJIAN PROVINCE

福建省国家重点保护野生植物图鉴

福建省林业局 主编

海峡出版发行集团 THE STRAITS PUBLISHING & DISTRIBUTING GROUP | 福建科学技术出版社 FUJIAN SCIENCE & TECHNOLOGY PUBLISHING HOUSE

图书在版编目（CIP）数据

福建省国家重点保护野生植物图鉴 / 福建省林业局主编. —福州：福建科学技术出版社，2022.12
ISBN 978-7-5335-6921-1

Ⅰ. ①福… Ⅱ. ①福… Ⅲ. ①野生植物 – 植物保护 – 福建 – 图集 Ⅳ. ①Q948.525.7-64

中国国家版本馆CIP数据核字（2023）第018462号

书　　名	**福建省国家重点保护野生植物图鉴**
主　　编	福建省林业局
出版发行	福建科学技术出版社
社　　址	福州市东水路76号（邮编350001）
网　　址	www.fjstp.com
经　　销	福建新华发行（集团）有限责任公司
印　　刷	福州报业鸿升印刷有限责任公司
开　　本	889毫米×1194毫米　1/16
印　　张	9
字　　数	230千字
版　　次	2022年12月第1版
印　　次	2022年12月第1次印刷
书　　号	ISBN 978-7-5335-6921-1
定　　价	230.00元

《福建省国家重点保护野生植物图鉴》编委会

主编单位：　福建省林业局

主　　编：　王智桢

副 主 编：　王宜美

执行主编：　胡明芳　赖文胜

执行副主编：　林建丽　黄　骐　游剑滢

编写人员：　刘伯锋　胡湘萍　李丽婷　陈　炜　施明乐
廖小军　郭　宁　林葳菲　余　海　黄雅琼
张冲宇

摄　　影：　王小夏　王　东　卢瑞祥　邢福武　刘江枫
余　奇　苏享修　苏海兰　李振基　李　琳
陈世品　陈炳华　林余霖　林　建　林建丽
金效华　徐自坤　黄晓春　颜国铰（按姓氏笔画排序）

设计单位：　海峡农业杂志社

目录

苔藓植物 Bryophytes

石松类和蕨类植物 Lycophytes and Ferns

裸子植物 Gymnosperms

被子植物 Angiosperms

注：标＊者归农业农村主管部门分工管理（共 50 种及变种），
其余归林业主管部门分工管理（共 80 种及变种）。

桧叶白发藓

Leucobryum juniperoideum

苔藓植物 白发藓科

形态特征：密集垫状丛生草本，高 2—3cm，灰绿色。茎单一或分枝。叶群集，干时紧贴，叶片卵状披针形，长 5—8mm，宽 1—2mm；基部卵形，内凹，稍短于上部；叶上部狭披针形，有时内卷呈管状，先端兜形或具细尖头；叶边全缘。

生长环境：多生于海拔 1300m 以上的阔叶林内树干或石壁上。

保护级别：国家二级保护野生植物。

多纹泥炭藓 *

Sphagnum multifibrosum

苔藓植物 泥炭藓科

形态特征：密集垫状丛生草本，淡绿带黄色，高 10cm 以上。茎、枝表皮细胞密被螺纹与水孔。茎叶扁平，长舌形（长为阔的 2 倍以上）；先端圆钝，顶端细胞常成不规则锯齿状；叶缘具白边。枝叶阔卵状圆形，强烈内凹呈瓢状；先端圆钝，边内卷呈兜形；无色细胞呈不规则长菱形，密被螺纹；绿色细胞在枝叶横切面呈等腰三角形，偏于叶片腹面，背面全为无色细胞所包被。

生长环境：生于海拔 1800m 以上的山地沼泽地、矮曲林地或水湿的岩壁上。

保护级别：国家二级保护野生植物。

中华石杉

Huperzia chinensis

蕨类植物 石松科

形态特征：地生草本，高 10—16cm。茎直立或斜生，2—4 回二叉分枝，枝上部常有芽孢。叶草质，螺旋状排列，疏生，平伸，披针形，长 4—6mm，向基部不变狭；基部最宽，下延，无柄；先端渐尖；边缘平直不皱曲，全缘，两面光滑；中脉不明显。孢子叶与不育叶同形。孢子囊生于孢子叶腋，两侧略露出，肾形，黄色。

生长环境：生于草坡、岩石缝、阔叶林下或溪边。

保护级别：国家二级保护野生植物。

皱边石杉

Huperzia crispata

蕨类植物 石松科

形态特征： 地生草本，高 16—32cm。茎直立或斜生，2—4 回二叉分枝，枝上部常有芽孢。叶薄革质，螺旋状排列，疏生，平伸，狭椭圆形或倒披针形，长 1.2—2cm，宽 2.0—3.5mm，向基部明显变狭；基部下延，有柄；先端急尖；边缘皱曲，有粗大或略小而不整齐的尖齿，两面光滑；中脉突出明显。孢子叶与不育叶同形。孢子囊生于孢子叶的叶腋，两端露出，肾形，黄色。

生长环境： 生于海拔 900m 以上的林下阴湿处。

保护级别： 国家二级保护野生植物。

长柄石杉 别名：千层塔

Huperzia javanica

蕨类植物 石松科

形态特征：地生草本，高 15—40cm。2—4 回二叉分枝，枝上部常有芽孢。不育叶薄革质，疏生，平伸，阔椭圆形至倒披针形，长 10—25mm，宽 2—6mm；叶基部明显变窄，叶柄明显较长，长可至 5mm；顶端锐尖；边缘有不规则锯齿；中脉突出明显。孢子叶稀疏，平伸或稍反卷，椭圆形至披针形，长 7—15mm，宽 1.5—3.5mm。孢子囊生于孢子叶的叶腋，两端露出，肾形，黄色。

生长环境：生于海拔 300—1200m 的林下或路边。

保护级别：国家二级保护野生植物。

金发石杉

Huperzia quasipolytrichoides

蕨类植物 石松科

形态特征：地生草本，高9—13cm。茎直立或斜生，3—6回二叉分枝，枝上部有很多芽孢。叶草质，螺旋状排列，密生，强度反折或略斜下，线形，长6—9mm，宽约0.8mm；基部与中部近等宽，明显镰状弯曲，基部截形，下延，无柄；先端渐尖；边缘平直不皱曲，全缘；两面光滑，无光泽，中脉背面不明显，腹面略可见。孢子叶与不育叶同形。孢子囊生于孢子叶的叶腋，外露，肾形，黄色或灰绿色。

生长环境：生于林下、路边。

保护级别：国家二级保护野生植物。

四川石杉

Huperzia sutchueniana

蕨类植物 石松科

形态特征：地生草本，高8—15cm。茎直立或斜生，2—3回二叉分枝，枝上部常有芽孢。叶革质，螺旋状排列，密生，平伸，上弯或略反折，披针形，长5—10mm，宽0.8—1.0mm；基部不明显变狭，通直或镰状弯曲，基部楔形或近截形，下延，无柄；先端渐尖；边缘平直不皱曲，疏生小尖齿；两面光滑，无光泽，中脉明显。孢子叶与不育叶同形。孢子囊生于孢子叶的叶腋，两端露出，肾形，黄色。

生长环境：生于海拔800m以上的林下或灌丛下的湿地、草地或岩石上。

保护级别：国家二级保护野生植物。

华南马尾杉

Phlegmariurus austrosinicus

蕨类植物 石松科

形态特征：附生草本，茎簇生，成熟枝下垂，2至多回二叉分枝，长20—70cm。叶革质，螺旋状排列。营养叶革质，平展或斜向上开展，椭圆形，中部叶片宽大于2.5—4.0mm，基部楔形，下延，有柄，有光泽，顶端圆钝，中脉明显，全缘。孢子囊穗比不育部分略细瘦，非圆柱形，顶生。孢子叶椭圆状披针形，排列稀疏，基部楔形，先端尖，中脉明显，全缘。孢子囊生于孢子叶的叶腋，肾形，2瓣开裂，黄色。

生长环境：附生于海拔700m以上的林下岩石上。

保护级别：国家二级保护野生植物。

柳杉叶马尾杉

Phlegmariurus cryptomerinus

蕨类植物 石松科

形态特征：附生草本，茎簇生，成熟枝直立或略下垂，1—4 回二叉分枝，长 20—25cm。叶螺旋状排列。营养叶薄革质，披针形，疏生，长 1.4—2.5cm，宽 1.5—2.5mm；基部楔形，下延，无柄；顶端尖锐；有光泽，背部中脉明显凸出，全缘。孢子囊穗比不育部分细瘦，顶生。孢子叶披针形，长 1—2mm，宽约 1.5mm，基部楔形，先端尖，全缘。孢子囊生于孢子叶的叶腋，肾形，2 瓣开裂，黄色。

生长环境：附生于海拔 400—800m 的林下树干或岩石上，或土生。

保护级别：国家二级保护野生植物。

金丝条马尾杉

Phlegmariurus fargesii

蕨类植物 石松科

形态特征：附生草本，茎簇生，成熟枝下垂，1至多回二叉分枝，长30—52cm，枝细瘦，枝连叶绳索状，侧枝等长。叶螺旋状排列，但扭曲呈二列状。营养叶密生，中上部的叶披针形，紧贴枝上，强度内弯，长不足5mm，宽约3mm；基部楔形，下延，无柄，有光泽；顶端渐尖；背面隆起，中脉不显，坚硬，全缘。孢子囊穗顶生。孢子叶卵形和披针形，基部楔形，先端具长尖头或短尖头。孢子囊生于孢子叶的叶腋，外露，肾形，2瓣开裂，黄色。

生长环境：附生于海拔100—1900m的林下树干上。

保护级别：国家二级保护野生植物。

闽浙马尾杉

Phlegmariurus minchegensis

蕨类植物 石松科

形态特征： 附生草本，茎簇生，成熟枝直立或略下垂，1至多回二叉分枝，长17—33cm。叶草质，螺旋状排列。营养叶披针形，疏生，长1.1—1.5cm，宽1.5—2.5mm，基部楔形，下延，无柄，有光泽，顶端尖锐，中脉不显，全缘。孢子囊穗比不育部分细瘦，顶生。孢子叶披针形，长8—13mm，宽约0.8mm，基部楔形，先端尖，中脉不显，全缘。孢子囊生于孢子叶的叶腋，肾形，2瓣开裂，黄色。

生长环境： 附生于海拔700—1600m的林下石壁、树干上，或土生。

保护级别： 国家二级保护野生植物。

福氏马尾杉

Phlegmariurus fordii

蕨类植物 石松科

形态特征：附生草本，茎簇生，成熟枝下垂，1至多回二叉分枝，长20—30cm。叶革质，螺旋状排列，但因基部扭曲而呈二列状。营养叶（至少植株近基部叶片）抱茎，椭圆披针形，基部圆楔形，下延，无柄，无光泽，先端渐尖，全缘，中脉明显。孢子囊穗比不育部分细瘦，顶生。孢子叶披针形或椭圆形，基部楔形，先端钝，中脉明显，全缘。孢子囊生于孢子叶的叶腋，肾形，2瓣开裂，黄色。

生长环境：附生于海拔100—1700m的竹林下阴处、山沟阴岩壁、灌木林下岩石上。

保护级别：国家二级保护野生植物。

东方水韭 *

Isoetes orientalis

蕨类植物 水韭科

形态特征：沼生挺水草本，植株高 15—30cm。根状茎肉质，呈 3 瓣。叶多数，向轴覆瓦状密生成丛，叶基部扩大呈鞘状，膜质，黄白色，腹部凹入形成一凹穴；向上草质，鲜绿色，线形，中部宽 2—4mm，向上渐细。孢子囊单生在叶基部腹面凹穴内，椭圆形，具白色膜质盖；大孢子囊常生于外围叶片基部的向轴面，大孢子球状四面形，表面具明显的脊状突起，且连接成网络状；小孢子囊生于内部叶片基部的向轴面，小孢子白色，表面的突起不明显。

生长环境：主要生长在人迹罕至的浅水池沼、塘边和山沟淤泥上。

保护级别：国家一级保护野生植物。

福建观音座莲

Angiopteris fokiensis

蕨类植物 合囊蕨科

形态特征：地生草本，高 1.5m 以上。叶片宽卵形，草质；羽片 5—7 对，互生，长 50—60cm，宽 14—18cm，狭长圆形，奇数羽状；小羽片 35—40 对，对生或互生，具短柄，披针形，长 7—9cm，宽 1.0—1.7cm，渐尖头，下部小羽片较短，顶生小羽片分离，有柄；叶缘全部具有规则的浅三角形锯齿；叶脉开展，一般分叉，无倒行假脉。孢子囊群棕色，长圆形，长约 1mm，距叶缘 0.5—1.0mm，由 8—10 个孢子囊组成。

生长环境：生于林下溪沟边。

保护级别：国家二级保护野生植物。

金毛狗

Cibotium barometz

蕨类植物 金毛狗科

形态特征：地生草本，根状茎卧生，基部被有一大丛垫状的金黄色茸毛，长逾 10cm，有光泽。叶片大，3 回羽状分裂；叶几为革质或厚纸质，下面为灰白色或灰蓝色，两面光滑，或小羽轴上下两面略有短褐毛疏生；孢子囊群在每一末回能育裂片 1—5 对，生于下部小脉顶端；囊群盖坚硬，棕褐色，横长圆形，两瓣状，内瓣较外瓣小，成熟时张开如蚌壳，露出孢子囊群。

生长环境：生于山麓沟边及林下阴处酸性土上。

保护级别：国家二级保护野生植物。

桫椤

Alsophila spinulosa

蕨类植物 桫椤科

形态特征：树形蕨类，茎干高达 6m 或更高，上部有残存的叶柄。叶簇生于茎顶端，叶纸质或坚纸质，上面绿色，下面灰绿色或淡灰白色；叶柄基部密生鳞片，向上有小刺或刺状疣突；叶片长达 3m，3 回羽状深裂；羽片 17—20 对，基部 1 对缩短；小羽片 18—20 对，近无柄，基部不缩短；裂片 18—20 对，斜展，基部裂片稍缩短，镰状披针形，短尖头，边缘有锯齿；叶脉在裂片上羽状，分离，侧脉二叉。孢子囊群生于侧脉分叉处；囊群盖球形，薄膜质，成熟后裂开，压于囊群之下或消失。

生长环境：生于海拔 260—1600m 的山地林下沟谷、溪旁或林缘湿地。

保护级别：国家二级保护野生植物。

黑桫椤

Alsophila podophylla

蕨类植物 桫椤科

形态特征：树形蕨类，植株高 1—3m，地上无主干或有短主干。叶簇生；叶柄、叶轴和羽轴均为栗黑色至深紫红色，基部被棕褐色、线状披针形鳞片，向上渐稀或近光滑；叶片长 2—3m，1—2 回羽状；羽片长圆状披针形，多数，互生，有柄，长 30—50cm，顶端长渐尖并为浅羽裂；小羽片约 20 对，互生，线状披针形，长 8—12cm，宽 1.2—1.8cm，顶端尾状渐尖并有浅锯齿；叶脉羽状，两面隆起，相邻两组羽状脉的基部一对侧脉通常在中部或上部联结成三角形网眼；叶纸质，下面灰绿色。孢子囊群圆形，着生于小脉背面近基部，无囊群盖。

生长环境：生于海拔 300—700m 的林下沟谷或溪边。

保护级别：国家二级保护野生植物。

笔筒树

Sphaeropteris lepifera

蕨类植物 桫椤科

形态特征：树形蕨类，高可达 6m，胸径 10—20cm，主干常有明显的略呈三角形的椭圆形叶痕。叶簇生于主干顶部；叶柄上面绿色，下面淡紫色，无刺，下部密被鳞片，有疣突；3 回羽状深裂，羽片 16—22 对，互生，中部羽片长 50—80cm，宽 20—26cm；小羽片 26—28 对，长 10—15cm，宽 1.5—2.2cm，披针形，无柄或有短柄，羽状深裂；裂片 20—26 对，下部几对裂片分离，全缘；侧脉二叉。孢子囊群生于侧脉分叉处，有隔丝，囊群盖特化为简单的鳞毛状。

生长环境：生于海拔 450m 以下的向阳山坡、路旁、房前屋后。

保护级别：国家二级保护野生植物。

水蕨 *

Ceratopteris thalictroides

蕨类植物 凤尾蕨科

形态特征：水生草本，植株高可达 70cm。根状茎短而直立。叶簇生，2 型。不育叶叶片直立或幼时漂浮，有时略短于能育叶，狭长圆形，长 6—30cm，宽 3—15cm，2—4 回羽状深裂，裂片 5—8 对；小裂片 2—5 对，互生，阔卵形或卵状三角形，长可达 35cm，宽可达 3cm，基部有短柄，两侧有狭翅，下延于羽轴。能育叶叶片长圆形或卵状三角形，长 15—40cm，宽 10—22cm，二、三回羽状深裂；羽片 3—8 对；裂片狭线形，渐尖头，角果状，长可达 1.5—4.0cm，宽不超过 2mm，边缘薄而透明，强度反卷达于主脉。主脉两侧小脉联结成网状，网眼 2—3 行。孢子囊沿能育叶的裂片主脉两侧的网眼着生，幼时为反卷叶缘所覆盖，成熟后多少张开。

生长环境：生于池沼、水田或水沟的淤泥中，有时漂浮于深水面上。

保护级别：国家二级保护野生植物。

苏铁蕨

Brainea insignis

蕨类植物 乌毛蕨科

形态特征：地生草本或灌本，植株高达1.5m。有圆柱状主干，密披红棕色鳞片。叶簇生于主干顶部；叶柄基部密披鳞片；叶片椭圆披针形，长50—100cm，1回羽状；羽片30—50对，互生或近对生，线状披针形至狭披针形，先端长渐尖，基部为不对称的心脏形；叶缘有细密锯齿。能育叶与不育叶同形，仅羽片较短较狭。叶脉两面均明显，沿主脉两侧各有1行三角形或多角形网眼。孢子囊群沿主脉两侧的小脉着生，成熟时逐渐布满主脉两侧，最终布满能育羽片的下面；无囊群盖。

生长环境：生于海拔450—1700m的向阳山坡。

保护级别：国家二级保护野生植物。

苏铁

Cycas revolute

裸子植物 苏铁科

形态特征：常绿乔木，茎干高常 1—4m，密被螺旋状排列的菱形叶柄残痕。羽状叶倒卵状狭披针形，长 75—200cm，叶柄两侧有齿状刺；羽状裂片 100 对以上，条形，厚革质，长 9—18cm，宽 4—6mm，边缘显著地向下反卷，先端有刺状尖头，中央微凹，凹槽内有稍隆起的中脉。雄球花圆柱形，长 30—70cm，径 8—15cm，有短梗。小孢子叶窄楔形，长 3.5—6.0cm，宽 1.7—2.5cm，有急尖头，下面中肋及顶端密生黄褐色或灰黄色长茸毛；大孢子叶长 14—22cm，密生淡黄色或淡灰黄色茸毛。胚珠 2—6 枚。种子红褐色或橘红色。花期 6—7 月，种子 10 月成熟。

生长环境：生于沿海低海拔灌丛中。

保护级别：国家一级保护野生植物。

四川苏铁

Cycas szechuanensis

裸子植物 苏铁科

形态特征：常绿乔木，茎干圆柱形，直或弯曲，高2—5m。羽状叶长1—3m，集生顶部；羽状裂片条形或披针状条形，微弯曲，厚革质，长18—34cm，宽1.2—1.4cm，边缘微卷曲，两侧不对称，上侧较窄，几靠中脉，下侧较宽、下延生长，两面中脉隆起，上面深绿色，下面绿色。大孢子叶扁平，有黄褐色或褐红色茸毛，后渐脱落，上部的顶片倒卵形或长卵形，长9—11cm，宽4.5—9cm，先端圆形，边缘篦齿状分裂，裂片钻形，长2—6cm，径约3mm，先端具刺状长尖头，在其中上部每边着生2—5（多为3—4）枚胚珠，上部的1—3枚胚珠的外侧常有钻形裂片生出，胚珠无毛。

生长环境：生于山谷溪涧边。

保护级别：国家一级保护野生植物。

台湾苏铁

Cycas taiwaniana

裸子植物 苏铁科

形态特征：常绿乔木，茎干圆柱状，高0.2—3.5m，有残存的叶柄。叶集生茎顶；羽状叶长达3m，宽20—40cm，条状矩圆形；羽状裂片76—144对，条形，薄革质，长18—25cm，宽7—12mm，先端有渐尖的刺状长尖头，边缘全缘，稍增厚不反卷，两面中脉隆起或微隆起。雄球花近圆柱形，长约50cm，径9—10cm；小孢子叶近楔形，长2.5—4.0cm，宽1.5—1.8cm，有刺状尖头，下面及顶部密生暗黄色或锈色茸毛；大孢子叶密生黄褐色或锈色茸毛，成熟后逐渐脱落，长17—25cm，柄的中上部两侧着生4—6枚胚珠，胚珠栗褐色。种子椭圆形或矩圆形，稍扁，熟时红褐色，长3.0—4.5cm，径1.5—3.0cm，顶端微凹。

生长环境：福建仅见于诏安、云霄少数河岸的林缘。

保护级别：国家一级保护野生植物。

短叶罗汉松

Podocarpus chinensis

裸子植物 罗汉松科

形态特征：常绿乔木或灌木；老干深褐至黑褐色，外皮呈纵向条状剥裂，片状脱落，枝梢较短而柔软，灰绿色，分枝力差。叶短而密生，呈螺旋状簇生排列，单叶为短条带状披针形，长2.5—7.0cm，宽3—7mm，先端钝或圆，基部浑圆或楔形，叶革质，浓绿色，中脉明显，叶柄极短。雄花穗状，雌花球形单生于叶腋间。种子呈广卵圆形或球形，肉质的种皮成熟时呈紫色或紫红色。花期5月。

生长环境：生于村庄风水林、路旁、房前屋后。

保护级别：国家二级保护野生植物。

罗汉松

Podocarpus macrophyllus

裸子植物 罗汉松科

形态特征：常绿乔木，高达 20m；树皮灰色或灰褐色，浅纵裂，成薄片状脱落。叶螺旋状着生，条状披针形，微弯，长 7—12cm，宽 7—10mm，先端尖，基部楔形，中脉上面显著隆起，下面带白色、灰绿色，中脉微隆起。雄球花穗状、腋生，常 3—5 个簇生于极短的总梗上，长 3—5cm，基部有数枚三角状苞片；雌球花单生叶腋，有梗，基部有少数苞片。种子卵圆形，径约 1cm，熟时肉质假种皮紫黑色，有白粉，种托肉质圆柱形，红色或紫红色，柄长 1.0—1.5cm。花期 4—5 月，种子 8—9 月成熟。

生长环境：生于村庄风水林、路旁、房前屋后。

保护级别：国家二级保护野生植物。

百日青

Podocarpus neriifolius

裸子植物 罗汉松科

形态特征：常绿乔木，高达 25m；树皮灰褐色，呈条片状纵裂。叶螺旋状着生，披针形，厚革质，常微弯，长 7—15cm，宽 9—13mm，上部渐窄，先端有渐尖的长尖头；萌生枝上的叶稍宽、有短尖头，上面中脉隆起，下面微隆起或近平。雄球花穗状，单生或 2—3 个簇生，长 2.5—5.0cm，总梗较短。种子卵圆形，长 8—16mm，顶端圆或钝，熟时肉质假种皮紫红色，种托肉质橙红色。花期 5 月，种子 10—11 月成熟。

生长环境：生于海拔 400—1000m 的山地阔叶林中。

保护级别：国家二级保护野生植物。

福建柏

Fokienia hodginsii

裸子植物 柏科

形态特征：常绿乔木，高达 17m；树皮紫褐色，平滑；生鳞叶的小枝扁平。鳞叶 2 对交叉对生，成节状；生于幼树或萌芽枝上的中央之叶呈楔状倒披针形，通常长 4—7mm，宽 1.0—1.2mm，上面之叶蓝绿色，下面之叶中脉隆起，两侧具凹陷的白色气孔带，侧面之叶对折，近长椭圆形，较中央之叶为长，背有棱脊；生于成龄树上之叶较小，先端稍内曲，急尖或微钝。雄球花近球形。球果近球形，熟时褐色；种鳞顶部多角形，表面皱缩稍凹陷，中间有一小尖头突起；种子顶端尖，具 3—4 棱，上部有两个大小不等的翅。花期 3—4 月，种子翌年 10—11 月成熟。

生长环境：生于海拔 50—1600m 的温暖湿润山地森林中。

保护级别：国家二级保护野生植物。

水松

Glyptostrobus pensilis

裸子植物 柏科

形态特征：落叶乔木，高 8—10m；生于湿生环境，树干基部膨大成柱槽状，有伸出土面或水面的吸收根，树干有扭纹；短枝从二年生枝的顶芽或多年生枝的腋芽伸出，冬季脱落；主枝则从多年生及二年生的顶芽伸出，冬季不脱落。叶多型鳞形叶较厚或背腹隆起，螺旋状着生于多年生或当年生的主枝上，冬季不脱落；条形叶两侧扁平，常排成二列，背面中脉两侧有气孔带；条状钻形叶两侧扁，背腹隆起，先端渐尖或尖钝，辐射伸展或列成三列状；条形叶及条状钻形叶均于冬季连同侧生短枝一同脱落。球果倒卵圆形，种鳞木质，鳞背近边缘处有 6—10 个微向外反的三角状尖齿；种子椭圆形。花期 1—2 月，球果秋后成熟。

生长环境：生于江河两岸或山间溪谷、盆地低洼积水处。

保护级别：国家一级保护野生植物。

台湾杉 别名：秃杉

Taiwania cryptomerioides

裸子植物 柏科

形态特征：常绿乔木，高约 40m；树皮不规则长条裂；小枝常下垂。老树之叶棱状钻形，排列紧密，腹背隆起，背脊和先端向内弯曲，长 2—5mm，两侧宽 1.0—1.5mm，四面均有气孔线；幼树及萌生枝上叶为两侧扁的四棱钻形，微向内侧弯曲，先端锐尖。雄球花 2—5 个簇生枝顶，雄蕊 10—15 枚；雌球花球形，球果卵圆形或短圆柱形，种鳞 12—39 枚，中部中鳞宽倒三角形，每发育种鳞具 2 个种子，种子两侧边缘具翅。花期 3 月，球果 10—11 月成熟。

生长环境：零星生长于海拔 400—1050m 的村庄附近，或散生于毛竹、柳杉、青冈、栲树、鬣蒴锥、钩锥林中。

保护级别：国家二级保护野生植物。

穗花杉

Amentotaxus argotaenia

裸子植物 红豆杉科

形态特征： 常绿灌木或乔木，高达7m；树皮灰褐色或淡红褐色，片状脱落。一年生枝绿色，二、三年生枝绿黄色或淡黄红色。叶基部扭转列成2列，条状披针形，直或微弯镰状，长3—11cm，宽6—11mm，先端尖或钝，基部渐窄，楔形或宽楔形，有极短的叶柄，边缘微向下曲，下面白色气孔带与绿色边带等宽或较窄。雄球花穗1—3穗，长5—6cm，雄蕊有2—5个花药。种子椭圆形，成熟时假种皮鲜红色，长2.0—2.5cm，径约1.3cm，顶端有小尖头露出。花期4月，种子10月成熟。

生长环境： 生于海拔600—1000m的阴湿溪谷两旁或林内。

保护级别： 国家二级保护野生植物。

白豆杉

Pseudotaxus chienii

裸子植物 红豆杉科

形态特征：常绿灌木，高达 4m；树皮灰褐色，裂成条片状脱落；一年生小枝圆，近平滑，稀有或疏或密的细小瘤状突起，褐黄色或黄绿色，基部有宿存的芽鳞。叶条形，排列成二列，直或微弯，长 1.5—2.6cm，宽 2.5—4.5mm，先端凸尖，基部近圆形，有短柄，两面中脉隆起，下面有两条白色气孔带，较绿色边带为宽或几等宽。种子卵圆形，长 5—8mm，上部微扁，顶端有凸起的小尖，成熟时肉质杯状假种皮白色，基部有宿存的苞片。花期 3—5 月，种子 10—12 月成熟。

生长环境：生于海拔 400—1500m 的山地林缘。

保护级别：国家二级保护野生植物。

红豆杉

Taxus wallichiana var. *chinensis*

裸子植物 红豆杉科

形态特征：常绿乔木，高达 30m；树皮灰褐色、红褐色或暗褐色，裂成条片脱落。叶排列成 2 列，条形，微弯或较直，长 1—3cm，通常长 1.5—2.2cm，宽 2—4mm，上部微渐窄，先端急尖或渐尖，上面深绿色，下面淡黄绿色，有两条气孔带，中脉带上有密生均匀而微小的圆形角质乳头状突起点，常与气孔带同色。雄球花淡黄色，雄蕊 8—14 枚。种子生于杯状红色肉质的假种皮中，或生于近膜质盘状的种托之上，常呈卵圆形，上部常具二钝棱脊，先端有突起的短钝尖头。花期 4—5 月，种子成熟期 9—10 月。

生长环境：常生于海拔 1000m 以上的中山地带。

保护级别：国家一级保护野生植物。

南方红豆杉

Taxus wallichiana var. *mairei*

裸子植物 红豆杉科

形态特征：常绿乔木，高可达 30m，胸径达 1m；树皮长条状裂。叶螺旋状排列，多呈弯镰状条形，基部扭转排成 2 列，长 2.0—3.5cm，宽 3—4mm，上部常渐窄，先端渐尖；下面中脉两侧各有 1 条黄绿色气孔带，中脉带上常无角质乳头状突起点，或局部有成片或零星分布的角质乳头状突起点。雌雄异株，雄球花有雄蕊 6—14 枚。种子坚果状，生于杯状红色肉质的假种皮中，微扁，倒卵圆形，上部较宽，稀柱状矩圆形，长 7—8mm，径 5mm。花期 4—5 月，种子 10 月。

生长环境：常生长于海拔 2100m 以下村庄、寺庙四旁和风水林、毛竹林、枫香等阔叶林中。

保护级别：国家一级保护野生植物。

榧树

Torreya grandis

裸子植物 红豆杉科

形态特征：常绿乔木，高达30m；树皮浅黄灰色、深灰色或灰褐色，不规则纵裂。叶条形，排列成2列，通常直，长1.5—2.5cm，宽2—4mm，坚硬，顶端有刺尖；上面光绿色，无隆起的中脉，下面淡绿色，气孔带与中脉等宽或稍宽。雌雄异株，雄球花圆柱状，长约8mm，基部苞片有明显背脊，雄蕊多数。种子核果状，椭圆形、卵圆形、倒卵圆形，长2.0—4.5cm，径1.5—2.5cm，熟时假种皮淡紫褐色，有白粉，顶端微凸，基部具宿存的苞片。花期4月，种子翌年10月成熟。

生长环境：散生于海拔250—1150m的村旁、林缘、溪边或路旁，亦见于毛竹、青钱柳、枫香、杉木、马尾松等林中，常集群分布形成榧树林。

保护级别：国家二级保护野生植物。

长叶榧树

Torreya jackii

裸子植物 红豆杉科

形态特征：常绿乔木，高4—12m；树皮灰色或深灰色，老时裂成不规则的薄片脱落，露出淡褐色的内皮；小枝平展或下垂，枝基有残鳞和环。叶排列成2列，质硬，条状披针形，上部多向上方微弯，镰状，长3.5—14.5cm，宽3—5mm，上部渐狭，先端有渐尖的刺状尖头，基部渐狭，楔形，有短柄，上面光绿色，有两条浅槽及不明显的中脉，下面淡黄绿色，中脉隆起，气孔带灰褐色。种子倒卵圆形，肉质假种皮被白粉，长2—3cm，顶端有小凸尖，基部有宿存苞片。花期4—5月，种子翌年9—10月成熟。

生长环境：生于海拔300—800m的红砂岩上，或山势陡峻、环境不良山地林中。

保护级别：国家二级保护野生植物。

金钱松

Pseudolarix amabilis

裸子植物 松科

形态特征：落叶乔木，高达 40m，树皮灰褐色，裂成不规则的鳞片状裂片，树冠尖塔形；矩状短枝生长慢，有密集成环节状叶枕。叶条形，柔软，镰状或直，上部稍宽，长 2.0—5.5cm，宽 1.5—4.0mm，在短枝上 15—30 枚簇生，轮状平展，呈圆盘状，秋后叶呈金黄色。雄球花黄色，圆柱状，下垂；雌球花紫红色，直立，椭圆形。球果卵圆形或倒卵圆形，长 5.0—7.5cm，径 4—5cm，淡红褐色，有短梗；中部种鳞心形，先端凹缺；种子种翅三角状披针形。花期 4 月，球果 10 月成熟。

生长环境：散生于海拔 1000—1500m 的针叶、阔叶林中。

保护级别：国家二级保护野生植物。

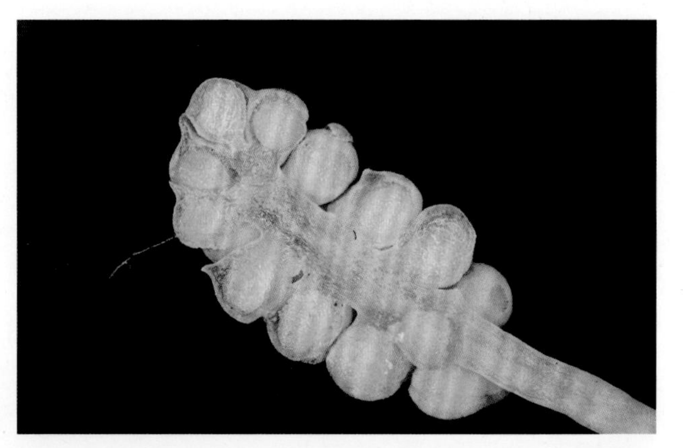

黄杉

Pseudotsuga sinensis

裸子植物 松科

形态特征：常绿乔木，高达 20m；树皮裂成不规则厚块片。叶条形，排列成 2 列，长 1.3—3.0cm，宽约 2mm，先端钝圆有凹缺，基部宽楔形，上面绿色或淡绿色，下面有 2 条白色气孔带。球果卵圆形，近中部宽，两端微窄，长 4.5—8.0cm，径 3.5—4.5cm，成熟前被白粉；中部种鳞近扇形或扇状斜方形，上部宽圆，基部宽楔形，两侧有凹缺，长约 2.5cm，宽约 3cm，鳞背露出部分密生褐色短毛；种子三角状卵圆形，微扁，长约 9mm，上面密生褐色短毛，下面具不规则的褐色斑纹；种翅较种子为长，先端圆。花期 4 月，球果 10—11 月成熟。

生长环境：生于海拔 1000m 左右的山地林中。

保护级别：国家二级保护野生植物。

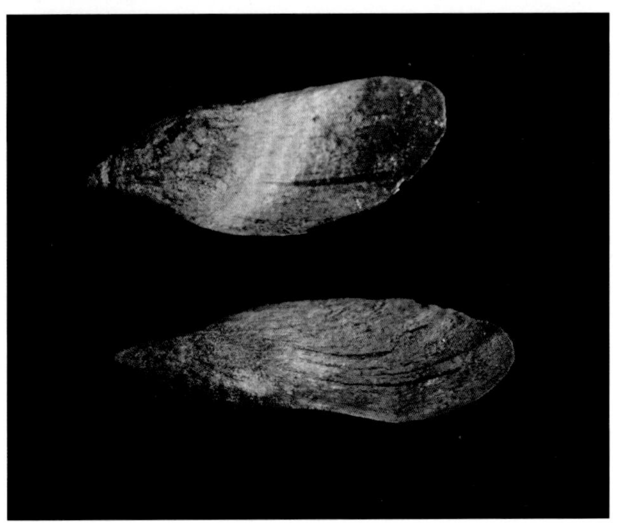

莼菜 *

Brasenia schreberi

被子植物 莼菜科

形态特征：多年生水生草本；根状茎具叶及匍匐枝，后者在节部生根，并生具叶枝条及其他匍匐枝。叶椭圆状矩圆形，长 3.5—6.0cm，宽 5—10cm，下面蓝绿色，两面无毛，从叶脉处皱缩；叶柄长 25—40cm，和花梗均有柔毛。花直径 1—2cm，暗紫色；花梗长 6—10cm；萼片及花瓣条形，长 1.0—1.5cm，先端圆钝。坚果矩圆卵形，有 3 个或更多成熟心皮；种子 1—2 个，卵形。花期 6 月，果期 10—11 月。

生长环境：生于池塘、河湖或沼泽。

保护级别：国家二级保护野生植物。

厚朴

Houpoea officinalis

被子植物 木兰科

形态特征：落叶乔木，高达 15m；树皮厚，不开裂；小枝粗壮，枝有环状托叶痕。单叶互生，叶纸质，7—9 片聚生于枝端，长圆状倒卵形，长 22—45cm，宽 10—24cm，先端具短急尖或圆钝，基部楔形，全缘而微波状，上面绿色，下面灰绿色，被灰色柔毛，有白粉；叶柄粗壮，托叶痕长为叶柄的 2/3。花白色，径 10—15cm，芳香；花被 9—12 片，厚肉质。聚合果长圆状卵圆形，长 9—15cm；蓇葖具长 3—4mm 的喙。花期 5—6 月，果期 8—10 月。

生长环境：散生于海拔 300—1200m 的毛竹、杉木、柳杉、木油桐、木荷、甜槠、红楠等林中，也见于村庄周围、路旁。

保护级别：国家二级保护野生植物。

鹅掌楸 别名：马褂木

Liriodendron chinense

被子植物 木兰科

形态特征：落叶乔木，高达30m。叶互生，纸质，长4—12cm，近基部每边具1侧裂片，先端具2浅裂，形如马褂；下面苍白色。花两性，单生枝顶，杯状；花被片9片，外轮3片绿色、萼片状、向外弯垂，内两轮6片，直立，花瓣状或倒卵形、绿色、具黄色纵条纹。聚合果长7—9cm，具翅的小坚果长约6mm，顶端钝或钝尖，具种子1—2颗。花期5月，果期9—10月。

生长环境：散生于海拔600—1900m的杉木、柳杉、毛竹、铁杉、钩锥、山杜英等林中，也有群集分布形成小群落。

保护级别：国家二级保护野生植物。

天竺桂

Cinnamomum japonicum

被子植物 樟科

形态特征：常绿乔木，高可达 15m。叶近对生或在枝条上部者互生，卵圆状长圆形至长圆状披针形，长 7—10cm，宽 3.0—3.5cm，先端锐尖至渐尖，基部宽楔形或钝形，革质，上面绿色，下面灰绿色，两面无毛，离基三出脉，中脉直贯叶端，基生侧脉自叶基 1.0—1.5cm 处斜向生出，中脉及侧脉两面隆起，细脉在上面密集而呈明显的网结状，但在下面呈细小的网孔。圆锥花序腋生，长 3.0—4.5cm，末端为 3—5 花的聚伞花序。花被裂片 6 片，卵圆形，先端锐尖。果长圆形，长 7mm，果托浅杯状。花期 4—5 月，果期 7—9 月。

生长环境：生于常绿阔叶林中。

保护级别：国家二级保护野生植物。

舟山新木姜子

Neolitsea sericea

被子植物 樟科

形态特征：常绿乔木，高达 10m；树皮灰白色，平滑。嫩枝密被金黄色丝状柔毛，老枝紫褐色，无毛。叶互生，椭圆形至披针状椭圆形，长 6.6—20.0cm，宽 3.0—4.5cm，两端渐狭，而先端钝，革质，幼叶两面密被金黄色绢毛，老叶上面毛脱落呈绿色而有光泽，下面粉绿，有贴伏黄褐或橙褐色绢毛；叶柄长 2—3cm；离基三出脉，侧脉每边 4—5 条，第一对侧脉离叶基部 6—10mm 处发出，靠叶缘一侧有 4—6 条小支脉，先端弧曲联结，其余侧脉自中脉中部或中上部发出，中脉和侧脉在叶两面均突起，横脉两面明显。伞形花序簇生叶腋或枝侧，无总梗。果球形，径约 1.3cm；果托浅盘状。花期 9—10 月，果期翌年 1—2 月。

生长环境：生于山坡林中。

保护级别：国家二级保护野生植物。

闽楠

Phoebe bournei

被子植物 樟科

形态特征：常绿乔木，高达 20m；树干通直，老的树皮灰白色，新的树皮带黄褐色。叶革质或厚革质，披针形或倒披针形，长 7—13cm，宽 2—3cm，先端渐尖或长渐尖，基部渐狭或楔形，脉上被伸展长柔毛，中脉上面平坦或下陷，下面突起，横脉及小脉多而密，在下面结成十分明显的网格状。花序生于新枝中、下部，被毛，长 3—7cm，通常 3—4 个，为紧缩不开展的圆锥花序；花被片卵形，长约 4mm，宽约 3mm，两面被短柔毛。果椭圆形或长圆形，长 1.1—1.5cm，直径约 6—7mm；宿存花被片被毛，紧贴。花期 4 月，果期 10—11 月。

生长环境：生于海拔 800m 以下的山地阔叶林或村边风水林中。

保护级别：国家二级保护野生植物。

浙江楠

Phoebe chekiangensis

被子植物 樟科

形态特征：常绿乔木，高达20m；树皮淡褐黄色，薄片状脱落，具明显的褐色皮孔；小枝有棱，密被黄褐色或灰黑色柔毛或茸毛。叶革质，倒卵状椭圆形或倒卵状披针形，长8—13cm、宽3—7cm，先端突渐尖或长渐尖；下面被灰褐色柔毛，脉上被长柔毛；中、侧脉上面下陷，侧脉每边8—10条，横脉及小脉多而密，下面明显。圆锥花序长5—10cm，密被黄褐色茸毛。果椭圆状卵形，长1.2—1.5cm，熟时紫黑色，外被白粉；宿存花被片革质，紧贴。花期4—5月，果期9—12月。

生长环境：生于山地常绿阔叶林中。

保护级别：国家二级保护野生植物。

龙舌草 *

Ottelia alismoides

被子植物 水鳖科

形态特征：沉水草本，具须根；茎短缩。叶基生，膜质；叶多为广卵形、卵状椭圆形、近圆形或心形，长约 20cm，宽约 18cm，全缘或有细齿；在植株个体发育的不同阶段，叶形常依次变更：初生叶线形，后出现披针形、椭圆形、广卵形等；叶柄长短随水体的深浅而异，多变化于 2—40cm 之间。两性花，偶见单性花；佛焰苞椭圆形至卵形，长 2.5—4.0cm，宽 1.5—2.5cm，顶端 2—3 浅裂；总花梗长 40—50cm；花无梗，单生；花瓣白色，淡紫色或浅蓝色。果长 2—5cm，宽 0.8—1.8cm。花期 4—10 月。

生长环境：常生于湖泊、沟渠、水塘、水田及积水洼地。

保护级别：国家二级保护野生植物。

球药隔重楼 *

Paris fargesii

被子植物 藜芦科

形态特征：地生草本，植株高 50—100cm；根状茎直径粗达 1—2cm。叶 4—6 枚，宽卵圆形，长 9—20cm，宽 4.5—14.0cm，先端短尖，基部略呈心形；叶柄长 2—4cm。花梗长 20—40cm；外轮花被片通常 5 枚，极少（3—）4 枚，卵状披针形，先端具长尾尖，基部变狭成短柄；内轮花被片通常长 1.0—1.5cm，少有长达 3.0—4.5cm；雄蕊 8 枚。蒴果近球形，开裂。花期 5 月。

生长环境：生于林下或阴湿处。

保护级别：国家二级保护野生植物。

七叶一枝花 *

Paris polyphylla

被子植物 藜芦科

形态特征：地生草本，植株高 35—100cm。根状茎粗厚，密生多数环节和许多须根；茎通常带紫红色，基部有灰白色干膜质的鞘 1—3 枚。叶 7—10 枚，矩圆形、椭圆形或倒卵状披针形，长 7—15cm，宽 2.5—5.0cm，先端短尖或渐尖；叶柄紫红色。花梗长 5—16cm；外轮花被片绿色，4—6 枚，狭卵状披针形；内轮花被片狭条形，通常比外轮长；雄蕊 8—12 枚；子房近球形，具棱。蒴果紫色，3—6 瓣裂开。种子多数，具鲜红色多浆汁的外种皮。花期 4—7 月，果期 8—11 月。

生长环境：生于林下或阴湿处。

保护级别：国家二级保护野生植物。

华重楼 *

Paris polyphylla var. *chinensis*

被子植物 藜芦科

形态特征：地生草本。叶 5—8 枚轮生，通常 7 枚，倒卵状披针形、矩圆状披针形或倒披针形，基部通常楔形。内轮花被片狭条形，通常中部以上变宽，宽 1.0—1.5mm，长 1.5—3.5cm，长为外轮的 1/3 至近等长或稍超过；雄蕊 8—10 枚，花药长 1.2—1.5cm，长为花丝的 3—4 倍，药隔突出部分长 1.0—1.5mm。花期 5—7 月，果期 8—10 月。

生长环境：生于林下或草丛阴湿处。

保护级别：国家二级保护野生植物。

狭叶重楼 *

Paris polyphylla var. *stenophylla*

被子植物 藜芦科

形态特征：地生草本，植株高35—115cm。叶8—13枚，轮生，披针形、倒披针形或条状披针形，有时略微弯曲呈镰刀状，长5.5—19.0cm，通常宽1.5—2.5cm，先端渐尖，基部楔形，具短叶柄。外轮花被片叶状，5—7枚，狭披针形或卵状披针形，长3—8cm，宽1.0—1.5cm，先端渐尖头，基部渐狭成短柄；内轮花被片狭条形，远比外轮花被片长；雄蕊7—14枚；子房近球形，暗紫色；花柱明显，顶端具4—5分枝。花期6—8月，果期9—10月。

生长环境：生于林下或草丛阴湿处。

保护级别：国家二级保护野生植物。

荞麦叶大百合 *

Cardiocrinum cathayanum

被子植物 百合科

形态特征：多年生地生草本，鳞茎高 2.5cm，茎高 50—150cm。除基生叶外，约离茎基部 25cm 处开始有茎生叶，最下面的几枚常聚集在一处，其余散生；叶纸质，具网状脉，卵状心形或卵形，先端急尖，基部近心形，长 10—22cm，宽 6—16cm；叶柄长 6—20cm，基部扩大。总状花序有花 3—5 朵，每花具一枚苞片；苞片矩圆形，长 4.0—5.5cm，宽 1.5—1.8cm；花狭喇叭形，乳白色或淡绿色，内具紫色条纹。蒴果近球形，长 4—5cm，宽 3.0—3.5cm，红棕色。种子扁平，红棕色，周围有膜质翅。花期 7—8 月，果期 8—9 月。

生长环境：生于山坡林下阴湿处。

保护级别：国家二级保护野生植物。

金线兰 * 别名：金线莲、花叶开唇兰

Anoectochilus roxburghii

被子植物 兰科

形态特征：地生草本，高 8—18cm。根状茎匍匐，肉质，具节，节上生根；叶 2—4 枚，叶片卵圆形或卵形，长 1.3—3.5cm，宽 0.8—3.0cm，上面暗紫色或黑紫色，具金红色带有绢丝光泽的美丽网脉，背面淡紫红色；叶柄 4—10mm，基部扩大成抱茎的鞘。总状花序具 2—6 朵花；花序轴淡红色，和花序梗均被短柔毛，花序梗具 2—3 枚鞘苞片；花苞片淡红色，卵状披针形，长 6—9mm；花白色或淡红色，不倒置（唇瓣位于上方）；唇瓣先端 2 裂，呈“Y”字形，唇瓣两侧各具 6—8 条长 4—6mm 的流苏状细条。花期 9—11 月。

生长环境：生于海拔 1900m 以下的常绿阔叶林下或沟谷阴湿处。

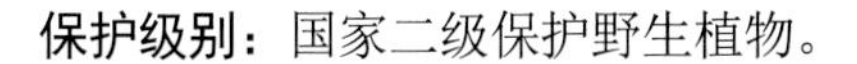

保护级别：国家二级保护野生植物。

浙江金线兰 *

Anoectochilus zhejiangensis

被子植物 兰科

形态特征：地生草本，植株高 8—16cm。根状茎匍匐，具节，节上生根；茎淡红褐色，肉质，被柔毛，下部集生叶 2—6 枚。叶片稍肉质，宽卵形至卵圆形，长 0.7—2.6cm，宽 0.6—2.1cm，上面呈鹅绒状绿紫色，具金红色带绢丝光泽的美丽网脉，背面略带淡紫红色，基部骤狭成柄。总状花序具 1—4 朵花，花不倒置；花瓣白色，倒披针形；唇瓣白色，呈“Y”字形，先端 2 深裂，裂片呈斜倒三角形，长约 6mm，上部宽约 5mm，边缘全缘。花期 7—9 月。

生长环境：生于海拔 700—1200m 的山坡或沟谷密林下阴湿处。

保护级别：国家二级保护野生植物。

白及 *

Bletilla striata

被子植物 兰科

形态特征：地生草本，植株高 18—60cm。假鳞茎扁球形，上面具荸荠似的环带，富黏性。叶 4—6 枚，狭长圆形或披针形，长 8—29cm，宽 1.5—4cm，先端渐尖，基部收狭成鞘并抱茎。总状花序具 3—10 朵花；花大，紫红色、粉红色或白色；萼片狭长圆形，长 2.5—3.0cm，宽 6—8mm，先端急尖；花瓣较萼片稍宽；唇瓣较萼片和花瓣稍短，倒卵状椭圆形，长 23—28mm，白色带紫红色，具紫色脉。花期 4—5 月。

生长环境：生于常绿阔叶林下，路边草丛或岩石缝中。

保护级别：国家二级保护野生植物。

杜鹃兰

Cremastra appendiculata

被子植物 兰科

形态特征：地生草本。假鳞茎卵球形或近球形，长 1.5—3.0cm，直径 1—3cm，密接，有关节，外被纤维状的残存鞘。叶常 1 枚，生于假鳞茎顶端，叶狭椭圆形，长 18—34cm，宽 5—8cm，先端渐尖，基部收狭，近楔形；叶柄长 7—17cm，下半部常为残存的鞘所包蔽。花葶从假鳞茎上部节上发出，近直立，长 27—70cm；总状花序长 10—25cm，具 5—22 朵花；花苞片披针形至卵状披针形，长 5—12mm；花常偏花序一侧，多少下垂，不完全开放，有香气，淡紫褐色；蒴果近椭圆形，下垂，长 2.5—3.0cm，宽 1.0—1.3cm。花期 5—6 月，果期 9—12 月。

生长环境：生于海拔 500—1800m 林下湿地或沟边湿地上。

保护级别：国家二级保护野生植物。

冬凤兰

Cymbidium dayanum

被子植物 兰科

形态特征：附生草本，植株丛生。叶 4—9 枚，带形，长 32—60cm，宽 7—13mm，坚纸质，暗绿色，先端渐尖，不裂，中脉与侧脉在背面凸起，关节位于距基部 7—12cm 处。花葶自假鳞茎基部穿鞘而出，长 18—35cm，下弯或下垂；总状花序具 8—12 朵花，花无香气；萼片与花瓣白色或奶油黄色，中央有 1 条栗色纵带自基部延伸到上部 3/4 处，或偶见整个瓣片充满淡枣红色；花瓣狭卵状长圆形，较萼片稍短略狭；唇瓣 3 裂，除基部和中裂片中央部分为白色外，其余均为栗红色。蒴果椭圆形，长 4—5cm，宽 2.0—2.8cm。花期 8—12 月。

生长环境：生于海拔 300—1600m 疏林中的树上或溪谷旁岩壁上。

保护级别：国家二级保护野生植物。

落叶兰

Cymbidium defoliatum

被子植物 兰科

形态特征：地生草本。假鳞茎很小，常数个聚生成不规则的根状茎状，基部有数条粗厚的根。叶2—4枚，带状，冬季凋落，春季长出，因此在生长期只有最前面的1个假鳞茎具叶，通常长25—40cm，宽5—10mm，斜立或近直立，除中脉在叶面凹陷外，其余均在两面凸处，关节不甚明显。总状花序具2—4朵花；花小，有香气，直径2—3cm，色泽变化较大，带白色、淡绿色、浅红色、淡黄色或淡紫色均可看到；花瓣近狭卵形，长1.0—1.6cm，宽2.5—5.0mm；唇瓣不明显3裂。花期6—8月。

生长环境：生于林下湿地或沟边湿地上。

保护级别：国家二级保护野生植物。

建兰

Cymbidium ensifolium

被子植物 兰科

形态特征：地生草本。叶 2—4 枚，带形，有光泽，长 30—60cm，宽 1.0—1.5cm，前部边缘有时有细齿，关节位于距基部 2—4cm 处。花葶低于叶层；总状花序具 3—13 朵花；花苞片除最下面的一枚较长外，其余均不及花梗和子房长度的 1/2；花色泽变化较大，通常为浅黄绿色而具紫斑，具香气；花瓣狭椭圆形或狭卵状椭圆形，长 1.5—2.4cm，宽 5—8mm，近平展；唇瓣不明显 3 裂。蒴果狭椭圆形，长 5—6cm，宽约 2cm。花期通常为 6—10 月。

生长环境：生于海拔 600—1800m 的疏林下、山谷旁、灌丛或草丛中。

保护级别：国家二级保护野生植物。

蕙兰

Cymbidium faberi

被子植物 兰科

形态特征：地生草本。叶 5—8 枚，带形，直立性强，长 25—80cm，宽 7—12mm，具透明叶脉，边缘有粗锯齿，基部不具关节，常对折呈“V”字形。花葶从叶丛基部最外面的叶腋抽出，近直立或稍外弯，长 35—50cm，被多枚长鞘；总状花序具 5—11 朵或更多的花；花常为浅黄绿色，唇瓣有紫红色斑，具香气；唇瓣不明显 3 裂。蒴果近狭椭圆形，长 5.0—5.5cm，宽约 2cm。花期 3—5 月。

生长环境：生于湿润但排水良好的透光处。

保护级别：国家二级保护野生植物。

多花兰

Cymbidium floribundum

被子植物 兰科

形态特征：附生草本，植株丛生。叶常 3—6 枚，带形，坚纸质，质地较硬，长 22—50cm，宽 8—18mm，先端钝或急尖，中脉与侧脉在背面凸起，关节在距基部 2—6cm 处。花葶自假鳞茎基部穿鞘而出，近直立或外弯，长 16—28cm；花序通常具 10—40 朵花；花较密集，一般无香气；花瓣红褐色或偶见绿黄色，极罕灰褐色，唇瓣白色而在侧裂片与中裂片上有紫红色斑，褶片黄色；唇瓣近卵形，长 1.6—1.8cm，3 裂。蒴果近长圆形，长 3—4cm，宽 1.3—2.0cm。花期 4—8 月。

生长环境：生于林中或林缘树上，或溪谷旁透光的岩石或岩壁上。

保护级别：国家二级保护野生植物。

春兰

Cymbidium goeringii

被子植物 兰科

形态特征：地生草本。叶 4—7 枚，带形，通常较短小，长 20—40cm，宽 5—9mm，下部常多少对折而呈“V”字形，边缘无齿或具细齿。花葶直立，长 3—15cm，极罕更高，明显短于叶；花序具单朵花，稀 2 朵花；花色常为绿色或淡褐黄色而有紫褐色脉纹，有香气；花瓣倒卵状椭圆形至长圆状卵形，长 1.7—3.0cm，与萼片近等宽；唇瓣不明显 3 裂。蒴果狭椭圆形，长 6—8cm，宽 2—3cm。花期 1—3 月。

生长环境：生于海拔 300m 以上的林下多石山坡、林缘、林中透光处。

保护级别：国家二级保护野生植物。

寒兰

Cymbidium kanran

被子植物 兰科

形态特征：地生草本。叶3—5枚，带形，薄革质，暗绿色，长40—70cm，宽8—18mm，先端边缘常具细齿，关节位于距基部4—5cm处。总状花序疏生3—12朵花；花苞片近等长于花梗和子房；花常为淡黄绿色而具淡黄色唇瓣，也有其他色泽，常有浓烈香气；花瓣常为狭卵形或卵状披针形，长2—3cm，宽5—10mm；唇瓣近卵形，不明显的3裂。蒴果狭椭圆形，长约5cm，宽约1.8cm。花期8—12月。

生长环境：生于海拔400m以上的林下、溪谷旁或稍荫蔽、湿润、多石的环境。

保护级别：国家二级保护野生植物。

墨兰

Cymbidium sinense

被子植物 兰科

形态特征：地生草本。叶 3—5 枚，带形，近薄革质，暗绿色，长 45—80cm，宽 2—3cm，关节位于距基部 3.5—7.0cm 处。花葶直立，较粗壮，长 50—90cm，一般略长于叶。总状花序具 10—20 朵或更多的花；花的色泽变化较大，较常为暗紫色或紫褐色而具浅色唇瓣，也有黄绿色、桃红色或白色的，一般有较浓的香气；花瓣近狭卵形，长 2.0—2.7cm，宽 6—10mm；唇瓣不明显 3 裂，近卵状长圆形。蒴果狭椭圆形，长 6—7cm，宽 1.5—2.0cm。花期 10 月至翌年 3 月。

生长环境：生于海拔 300m 以上的林下、灌木林中，或溪谷旁湿润但排水良好的荫蔽处。

保护级别：国家二级保护野生植物。

茫荡山丹霞兰

Danxiaorchis mangdangshanensis

被子植物 兰科

形态特征：类寄生植物，植株高10—23cm。块茎圆柱形，粗约1cm，具短的分枝。无绿叶。花葶直立，圆柱形，棕红色，具2—3枚紧抱茎的鞘。花序具4—10朵花，花黄色；花瓣狭椭圆形；唇瓣3裂，侧裂片直立，乳白色，内面具3对淡紫红色条纹，中裂片长圆形，下面具紫红色斑点，基部具2个浅囊。蒴果紫红色，纺锤形，有3条粗棱。花期4—5月。

生长环境：生于海拔400—500m的林下阴湿地。

保护级别：国家二级保护野生植物。

密花石斛 *

Dendrobium densiflorum

被子植物 兰科

形态特征：附生草本。茎粗壮，通常棒状或纺锤形，长 25—40cm，粗达 2cm，下部常收狭为细圆柱形，不分枝，具数个节和 4 个纵棱，有时棱不明显。叶常 3—4 枚，近顶生，革质，长圆状披针形，长 8—17cm，宽 2.6—6.0cm，先端急尖，基部不下延为抱茎的鞘。总状花序从上年或 2 年生具叶的茎上端发出，下垂，密生许多花；花开展，萼片和花瓣淡黄色；花瓣近圆形，长 1.5—2.0cm，宽 1.1—1.5cm；唇瓣金黄色，圆状菱形，长 1.7—2.2cm，宽达 2.2cm。花期 4—5 月。

生长环境：生于海拔 420—1000m 的常绿阔叶林中树干上或山谷岩石上。

保护级别：国家二级保护野生植物。

单叶厚唇兰 *

Dendrobium fargesii

被子植物 兰科

形态特征：附生草本。根状茎匍匐，密被栗色筒状鞘，在每相距约 1cm 处生 1 个假鳞茎；假鳞茎斜立，一侧多少偏臌，长约 1cm，粗 3—5mm，顶生 1 枚叶，基部被膜质栗色鞘。叶厚革质，卵形或宽卵状椭圆形，长 1.0—2.5cm，宽 6—11mm，先端圆形而中央凹入，基部收狭，近无柄或楔形收窄呈短柄。花单生于假鳞茎顶端；花不甚张开，萼片和花瓣淡粉红色；花瓣卵状披针形，先端急尖，具 5 条脉；唇瓣几乎白色，小提琴状。花期 4—5 月。

生长环境：生于海拔 500m 以上的沟谷岩石上或山地林中树干上。

保护级别：国家二级保护野生植物。

矩唇石斛 *

Dendrobium linawianum

被子植物 兰科

形态特征：附生草本。茎直立，粗壮，稍扁圆柱形，通常长25—30cm，粗1.0—1.5cm，不分枝，下部收狭，具数节；节间稍呈倒圆锥形，长3—4cm，干后黄褐色，具多数纵槽。叶革质，长圆形，长4—7cm，宽2.0—2.5cm，先端钝，并且具不等侧2裂，基部扩大为抱茎的鞘。总状花序从落了叶的老茎上部发出，具2—4朵花；花大，白色，有时上部紫红色，开展；花瓣椭圆形，长2.2—3.5cm，先端钝，基部具短爪；唇瓣白色，上部紫红色，唇盘基部两侧各具1条紫红色带，上面密布短茸毛。花期4—5月。

生长环境：生于海拔400—1500m的山地林中树干上。

保护级别：国家二级保护野生植物。

罗河石斛＊

Dendrobium lohohense

被子植物 兰科

形态特征：附生草本。茎圆柱形，长达 80cm，粗约 4mm，具多节，上部节上常生根而分出新枝条，干后金黄色，具数条纵条棱。叶长圆形，薄革质，2 列，长 3.0—4.5cm，宽 5—16mm，先端急尖，基部具抱茎的鞘，叶鞘干后松松抱茎，鞘口常张开。花蜡黄色，稍肉质；总状花序减退为单朵花，侧生于具叶的茎端或叶腋；花序柄无；花瓣椭圆形，长约 1.7cm，宽约 1cm，先端圆钝，具 7 条脉；唇瓣不裂，倒卵形，长约 2cm，宽约 1.7cm。蒴果椭圆状球形，长约 4cm，粗约 1.2cm。花期 6 月，果期 7—8 月。

生长环境：生于海拔 600—1500m 的林中树干上或林缘岩石上。

保护级别：国家二级保护野生植物。

罗氏石斛*

Dendrobium luoi

被子植物 兰科

形态特征：附生草本，植株矮小。假鳞茎狭卵形，长1.0—1.5cm，粗4—5mm，具3节。叶2—3枚，卵状狭椭圆形或狭长圆形，长1.1—2.2cm，宽4—5mm，先端钝且不等侧2裂，基部扩大为鞘；花序生于无叶（已落叶）的茎上部节上，单花；花瓣淡黄色，狭椭圆形，长8—9mm，宽3—4mm，先端急尖；唇瓣淡黄色，具紫褐色斑块，倒卵状匙形，不裂，先端稍凹缺。花期5月。

生长环境：生于林缘的老树树干或岩壁上。

保护级别：国家二级保护野生植物。

细茎石斛 *

Dendrobium moniliforme

被子植物 兰科

形态特征：附生草本，茎直立，细圆柱形，上下一致，通常长 10—20cm，或更长，粗 3—5mm，具多节，节间长 2—4cm。叶数枚，2 列，常互生于茎的中部以上，披针形或长圆形，长 3.0—4.5cm，宽 5—10mm，先端不等侧 2 裂或急尖而钩转，基部下延为抱茎的鞘；总状花序 2 至数个，侧生于茎的上部，具 1—3 花；花黄绿色、白色或白色带淡紫红色，有时芳香；唇瓣白色、淡黄绿色或绿白色，带淡褐色或紫红色至浅黄色斑块，基部楔形，3 裂。花期 3—5 月。

生长环境：生于海拔 590m 以上的阔叶林中树干或山谷岩壁上。

保护级别：国家二级保护野生植物。

石斛 *

Dendrobium nobile

被子植物 兰科

形态特征：附生草本。茎直立，肉质状肥厚，稍扁的圆柱形，长10—60cm，粗达1.3cm，上部多少回折状弯曲，基部明显收狭，不分枝，具多节，节有时稍肿大；节间多少呈倒圆锥形，长2—4cm，干后金黄色。叶革质，长圆形，长6—11cm，宽1—3cm，先端钝并且不等侧2裂，基部具抱茎的鞘。总状花序从具叶或落了叶的老茎中部以上部分发出，长2—4cm，具1—4朵花；花大，白色带淡紫色先端，有时全体淡紫红色或除唇盘上具1个紫红色斑块外，其余均为白色；花瓣多少斜宽卵形，长2.5—3.5cm，宽1.8—2.5cm；唇瓣宽卵形，长2.5—3.5cm，宽2.2—3.2cm，基部两侧具紫红色条纹并且收狭为短爪。花期4—5月。

生长环境：生于海拔480—1700m的山地林中树干或岩壁上。

保护级别：国家二级保护野生植物。

铁皮石斛 *

Dendrobium officinale

被子植物 兰科

形态特征：附生草本。茎直立，圆柱形，长 9—35cm，粗 0.2—0.4cm，不分枝，具多节，节间长 1.3—1.7cm，常在中部以上互生 3—5 枚叶；叶 2 列，纸质，长圆状披针形，长 3—4cm，宽 9—11mm，先端钝且钩转，基部下延为抱茎的鞘，边缘和中肋常带淡紫色；叶鞘常具紫斑，老时鞘口张开，与节留下 1 个环状铁青的间隙。总状花序侧生于茎的上部，具 2—3 朵花；花苞片干膜质，浅白色；萼片和花瓣黄绿色，近相似，长圆状披针形，长约 1.8cm，宽约 5mm；唇瓣白色，基部具 1 个绿色或黄色的胼胝体，唇瓣不裂或不明显 3 裂，唇盘密布细乳突状的毛，在中部以上具 1 个紫红色斑块。花期 3—6 月。

生长环境：生于海拔 500m 以上的山地半阴湿的岩石或大树树干上。

保护级别：国家二级保护野生植物。

剑叶石斛 *

Dendrobium spatella

被子植物 兰科

形态特征：附生草本。茎直立，近木质，扁三棱形，长达 60cm，粗 4mm，基部收狭，向上变细，不分枝，具多个节，节间长 1cm。叶 2 列，斜立，稍疏松地套叠或互生，厚革质或肉质，两侧压扁而呈短剑状，长 25—40mm，宽 4—6mm，先端急尖，基部扩大呈紧抱于茎的鞘，向上叶逐渐退化而成鞘状。花序侧生于茎的上部，甚短，具 1—2 朵花；花小，白色，直径约 8mm；花瓣卵状长圆形，先端圆钝；唇瓣白色带微红色，近扇形。蒴果椭圆形，长 4—7mm。花期 10—11 月。

生长环境：生于海拔 260—1000m 的林中树干上和岩石上。

保护级别：国家二级保护野生植物。

广东石斛 *

Dendrobium wilsonii

被子植物 兰科

形态特征：附生草本。茎直立或斜立，细圆柱形，长10—30cm，粗4—6mm，不分枝，具少数至多数节，节间长1.5—2.5cm，干后淡黄色带污黑色。叶革质，2列，数枚，互生于茎上部，狭长圆形，长3—5cm，宽6—12mm，先端钝并且稍不等侧2裂，基部具抱茎的鞘；叶鞘革质，干后鞘口常呈杯状张开。总状花序1—4个，从落了叶的老茎上部发出，具1—2朵花；花大，乳白色，有时带淡红色；花瓣近椭圆形，长2.5—4.0cm，宽1.0—1.5cm，先端锐尖；唇瓣卵状披针形，3裂或不明显3裂。花期5月。

生长环境：生于海拔600—1300m的山地阔叶林中树干上或林下岩石上。

保护级别：国家二级保护野生植物。

天麻 *

Gastrodia elata

被子植物 兰科

形态特征：菌类寄生植物，植株高 30—100cm，有时可达 2m。根状茎肥厚，块茎状，椭圆形至近哑铃形，肉质，长 8—12cm，粗 3—5cm，有时更大，具较密的节，节上被许多三角状宽卵形的鞘。茎直立，橙黄色、黄色、灰棕色或蓝绿色，无绿叶，下部被数枚膜质鞘。总状花序长 5—30cm，常具 30—50 朵花；花扭转，橙黄、淡黄、蓝绿或黄白色，近直立；唇瓣长圆状卵圆形，长 6—7mm，宽 3—4mm，3 裂，边缘有不规则短流苏。蒴果倒卵状椭圆形，长 1.4—1.8cm，宽 8—9mm。花期 5—7 月。

生长环境：生于海拔 400m 以上的疏林下，林中空地、林缘、灌丛边缘。

保护级别：国家二级保护野生植物。

血叶兰

Ludisia discolor

被子植物 兰科

形态特征：地生草本，植株高 10—25cm。根状茎伸长，匍匐，具节；茎直立，在近基部具 3—4 枚叶。叶片卵形或卵状长圆形，长 2.5—7.0cm，宽 2—3cm，先端急尖或短尖，上面墨绿色或带紫红色而具 3—5 条金黄色有光泽的脉，背面血红色，具柄。总状花序顶生，具数朵至 10 余朵花；花白色或带淡红色，直径约 7mm；花瓣近半卵形，长 8—9mm，宽 2.0—2.2mm，先端钝；唇瓣长 9—10mm，下部与蕊柱的下半部合生成管，先端扩大成横矩圆形，基部具 2 浅裂的囊状距，上部通常扭转。花期 3—5 月。

生长环境：生于海拔 900—1300m 的山坡或沟谷常绿阔叶林下阴湿处。

保护级别：国家二级保护野生植物。

紫纹兜兰

Paphiopedilum purpuratum

被子植物 兰科

形态特征：地生或半附生草本。叶基生，2 列，3—8 枚；叶片狭椭圆形，长 7—18cm，宽 2.3—4.2cm，先端近急尖并具 2—3 个小齿，上面具暗绿色与浅黄绿色相间的网格斑，背面浅绿色，基部收狭成叶柄状并对折而互相套叠。花葶直立，长 12—23cm，紫色，密被短柔毛，顶生花 1 朵；花直径 7—8cm；花瓣紫红色或浅栗色而有深色纵脉纹、绿白色晕和黑色疣点，近长圆形，长 3.5—5.0cm，宽 1.0—1.6cm；唇瓣紫褐色或淡栗色倒盔状，基部具宽阔的、长 1.5—1.7cm 的柄；囊近宽长圆状卵形，向末略变狭，长 2—3cm，宽 2.5—2.8cm，囊口极宽阔，两侧各具 1 个直立的耳。花期 10—12 月。

生长环境：生于海拔 900m 以下、林下腐殖质丰富、多石的地方，或溪谷旁藓砾石丛生之地或岩石上。

保护级别：国家一级保护野生植物。

台湾独蒜兰

Pleione formosana

被子植物 兰科

形态特征：半附生或附生草本。假鳞茎卵球形或稍扁球形，长 1.3—4.0cm，直径 1.7—3.7cm，绿色至暗紫色，顶生 1 枚叶。叶在花期尚幼嫩，长成后椭圆形至倒披针形，纸质，长 10—25cm，宽 3—5cm，先端急尖或钝，基部渐狭成柄；花常 1 朵，稀 2 朵，白色至粉红色，唇瓣色泽较萼片及花瓣淡，上面具有黄色、红色或褐色斑，有时略芳香；花瓣线状倒披针形，长 4.2—6.0cm，宽 10—15mm，先端近急尖；唇瓣不明显 3 裂，先端微缺，上部边缘撕裂状，上面具 2—5 条褶片，中央的 1 条极短或有时不存在；褶片常有间断，全缘或啮蚀状。蒴果纺锤状，长 4cm，黑褐色。花期 3—4 月。

生长环境：生于海拔 600m 以上的林下或林缘腐殖质丰富的土壤和岩石上。

保护级别：国家二级保护野生植物。

深圳香荚兰

Vanilla shenzhenica

被子植物 兰科

形态特征：地生攀援草本。叶椭圆形，长 13—20cm，宽 5.5—9.5cm，基部收狭，先端渐尖。花序长 3—5cm，水平伸展，常具 4 花；花苞片大，卵圆形，肉质；花不完全开放，淡黄绿色；唇瓣紫红色，具白色附属物，不具香味；花瓣椭圆形，先端渐尖，中肋呈龙骨状突起；唇瓣筒状，展开呈椭圆形，近基部 3/4 长度与合蕊柱贴生，边缘强烈波状，唇盘中上部具一枚倒生的由白色细流苏组成的簇状附属物及 3—5 列细角状附属物，2 条纵褶片由唇盘基部延伸至流苏状附属物。花期 2—3 月。

生长环境：生于海拔约 350m 阴湿的林中树上或溪旁岩石上。

保护级别：国家二级保护野生植物。

水禾 *

Hygroryza aristata

被子植物 禾本科

形态特征：水生漂浮草本。根状茎细长，节上生羽状须根。茎露出水面的部分长约 20cm。叶鞘膨胀，具横脉；叶舌膜质，长约 0.5mm；叶片卵状披针形，长 3—8cm，宽 1—2cm，下面具小乳状突起，顶端钝，基部圆形，具短柄。圆锥花序长与宽近相等，为 4—8cm，基部为顶生叶鞘所包藏；小穗含 1 小花，颖不存在，外稃长 6—8mm，草质，具 5 脉，脉上被纤毛，脉间生短毛，顶端具长 1—2cm 的芒，基部有长约 1cm 的柄状基盘；内稃与其外稃同质且等长，具 3 脉，顶端尖；鳞被 2 片，具脉；雄蕊 6 枚，花药黄色。秋季开花。

生长环境：生于池塘湖沼和小溪流中。

保护级别：国家二级保护野生植物。

野生稻 *

Oryza rufipogon

被子植物 禾本科

形态特征：多年生水生草本，秆高约 1.5m，下部海绵质或于节上生根。叶鞘圆筒形，无毛；叶舌长达 17mm；叶耳明显；叶片线形、扁平，长达 40cm，宽约 1cm，边缘与中脉粗糙，顶端渐尖。圆锥花序长约 20cm，直立而后下垂；小穗长 8—9mm，宽 2.0—2.5mm，基部具 2 枚微小半圆形的退化颖片；第一和第二外稃退化呈鳞片状；孕性外稃长圆形厚纸质，长 7—8mm，遍生糙毛；内稃与外稃同质，被糙毛，具 3 脉；雄蕊 6 枚。颖果长圆形，易落粒。花期 4—5 月，果期 10—11 月。

生长环境：生于海拔 600m 以下的江河流域，平原地区的池塘、溪沟、藕塘、稻田、沟渠、沼泽等低湿地。

保护级别：国家二级保护野生植物。

拟高粱*

Sorghum propinquum

被子植物 禾本科

形态特征：密丛多年生地生草本，秆直立，高1.5—3m。叶舌质较硬；叶片线形或线状披针形，长40—90cm，宽3—5cm，中脉较粗，两面隆起，边缘软骨质。圆锥花序开展，长30—50cm；总状花序具3—7节，其下裸露部分长2—6cm；小穗长3.5—4.5mm，宽1—2mm，先端尖或具小尖头；颖薄革质，具不明显的横脉；第一外稃透明膜质，宽披针形，稍短于颖，具纤毛；第二外稃短于第一外稃，顶端尖或微凹，无芒或具1细弱扭曲的芒。颖果倒卵形，棕褐色。花果期夏秋季。

生长环境：生于河岸旁或湿润之地。

保护级别：国家二级保护野生植物。

中华结缕草 *

Zoysia sinica

被子植物 禾本科

形态特征：多年生地生草本，秆直立，高13—30cm。具横走根茎，茎部常具宿存枯萎的叶鞘。叶片淡绿或灰绿色，背面色较淡，长可达10cm，宽1—3mm，无毛，质地稍坚硬，扁平或边缘内卷。总状花序穗形，小穗排列稍疏，长2—4cm，宽4—5mm，伸出叶鞘外；小穗披针形或卵状披针形，黄褐色或略带紫色，长4—5mm，宽1.0—1.5mm，具长约3mm的小穗柄；颖光滑无毛，侧脉不明显，中脉近顶端与颖分离，延伸成小芒尖；外稃膜质，长约3mm，具1明显的中脉。颖果棕褐色，长椭圆形，长约3mm。花果期5—10月。

生长环境：生于海边沙滩、河岸、路旁的草丛中。

保护级别：国家二级保护野生植物。

六角莲

Dysosma pleiantha

被子植物 小檗科

形态特征：多年生地生草本，植株高20—60cm，有时可达80cm。根状茎粗壮，横走，呈圆形结节；茎直立，单生，顶端生2叶。叶近纸质，对生，盾状，轮廓近圆形，直径16—33cm，5—9浅裂，裂片宽三角状卵形，先端急尖，上面暗绿色，背面淡黄绿色；叶柄长10—28cm，具纵条棱。花梗长2—4cm，常下弯；花紫红色，下垂，花瓣6—9片，倒卵状长圆形，长3—4cm，宽1.0—1.3cm；花萼6片，早落。浆果倒卵状长圆形或椭圆形，熟时紫黑色。花期3—6月，果期7—9月。

生长环境：生于海拔400—1600m的林下、山谷溪旁或阴湿溪谷草丛中。

保护级别：国家二级保护野生植物。

八角莲

Dysosma versipellis

被子植物 小檗科

形态特征：多年生地生草本，植株高 40—150cm。根状茎粗壮，横生；茎直立，不分枝；茎生叶 2 枚，薄纸质，互生，盾状，近圆形，4—9 掌状浅裂，裂片阔三角形，卵形或卵状长圆形，长 2.5—4.0cm，基部宽 5—7cm，先端锐尖，不分裂，叶脉明显隆起，边缘具细齿。花梗纤细、下弯；花深红色，5—8 朵簇生于离叶基部不远处，下垂；花瓣 6 片，勺状倒卵形，长约 2.5cm，宽约 8mm；花萼 6 片。浆果椭圆形，长约 4cm，直径约 3.5cm。种子多数。花期 3—6 月，果期 5—9 月。

生长环境：生于海拔 300m 以上的山坡林、竹林下，灌丛中，溪旁阴湿处。

保护级别：国家二级保护野生植物。

短萼黄连 *

Coptis chinensis var. *brevisepala*

被子植物 毛茛科

形态特征：多年生地生草本。根状茎黄色，常分枝，密生多数须根。叶有长柄；叶片稍带革质，卵状三角形，宽达 10cm，三全裂，中央全裂片卵状菱形，顶端急尖，3 或 5 对羽状深裂，边缘具细刺尖的锐锯齿，侧全裂片比中央全裂片短，不等二深裂。花葶 1—2 条，二歧或多歧聚伞花序有 3—8 朵花；苞片披针形，3 或 5 羽状深裂；萼片黄绿色，长椭圆状卵形，长约 6.5mm，仅比花瓣长 1/5—1/3；花瓣线形或线状披针形，顶端渐尖，中央有蜜槽；雄蕊约 20 枚。蓇葖长 6—8mm，种子 7—8 粒。花期 2—3 月，果期 4—6 月。

生长环境：多散生于海拔 750—1700m 的山地沟边林下或山谷阴湿处。

保护级别：国家二级保护野生植物。

莲 *

Nelumbo nucifera

被子植物 莲科

形态特征：多年生水生草本。根状茎横生，肥厚，节间膨大，内有多数纵行通气孔道，节部缢缩。叶圆形，盾状，直径25—90cm，全缘稍呈波状，上面光滑，具白粉，下面叶脉从中央射出，有1—2次叉状分枝；叶柄粗壮，圆柱形，长1—2m，中空，外面散生小刺。花梗和叶柄等长或稍长，也散生小刺；花直径10—20cm，花瓣红色、粉红色或白色，矩圆状椭圆形至倒卵形，长5—10cm，宽3—5cm，由外向内渐小，有时变成雄蕊，先端圆钝或微尖；花托（莲房）直径5—10cm。坚果椭圆形或卵形，长1.8—2.5cm，果皮革质，坚硬，熟时黑褐色；种子（莲子）卵形或椭圆形，长1.2—1.7cm，种皮红色或白色。花期6—8月，果期8—10月。

生长环境：生于池塘或水田中。

保护级别：国家二级保护野生植物。

长柄双花木

Disanthus cercidifolius subsp. *Longipes*

被子植物 金缕梅科

形态特征：落叶灌木，小枝屈曲。叶膜质，阔卵圆形，长5—8cm，宽6—9cm，先端钝或为圆形，基部心形，掌状脉5—7条，两面均明显，全缘；叶柄长3—5cm，圆筒形；托叶线形，早落。头状花序腋生，苞片联生成短筒状；花开放时萼筒反卷；花瓣红色，狭长带形，长约7mm。蒴果倒卵形，长1.2—1.4cm，宽1.0—1.3cm，先端近平截，上半部2片裂开，果皮厚约2mm，果序柄长1.5—3.2cm。种子长4—5mm，黑色，有光泽。花期10—12月。

生长环境：生于海拔630—1300m的山地山脊、坡地。

保护级别：国家二级保护野生植物。

格木

Erythrophleum fordii

被子植物 豆科

形态特征：常绿乔木，高可达 25m。嫩枝和幼芽被铁锈色短柔毛。叶互生，2 回偶数羽状复叶，羽片通常 3 对，对生或近对生，长 20—30cm，每羽片有小叶 5—13 片；小叶互生，卵形或卵状椭圆形，长 3.5—9.0cm，宽 2.0—3.5cm，先端渐尖，基部略偏斜，全缘。由穗状花序所排成的圆锥花序长 13—20cm；总花梗上被铁锈色柔毛；萼钟状；花瓣 5 片，淡黄绿色；雄蕊 10 枚，长为花瓣的 2 倍；子房长圆形，具柄，外面密被黄白色柔毛。荚果长圆形，扁平，长 10—18cm，宽 3.5—4.0cm，厚革质，有网脉；种子扁椭圆形，黑褐色。花期 5—6 月，果期 8—10 月。

生长环境：生于山地密林或疏林中。

保护级别：国家二级保护野生植物。

山豆根 *

Euchresta japonica

被子植物 豆科

形态特征：藤状灌木。几不分枝，茎上常生不定根。叶仅具小叶 3 枚；叶柄长 4.0—5.5cm，近轴面有一明显的沟槽；小叶厚纸质，椭圆形，长 8.0—9.5cm，宽 3—5cm，先端短渐尖至钝圆，基部宽楔形，上面暗绿色，下面苍绿色；侧脉极不明显。总状花序长 6.0—10.5cm；花萼杯状，裂片钝三角形；花冠白色，旗瓣长圆形，长 1cm，宽 2—3mm，先端钝圆，匙形；翼瓣椭圆形，先端钝圆，瓣片长 9mm，宽 2—3mm，瓣柄卷曲，线形；龙骨瓣上半部粘合，极易分离，瓣片椭圆形，长约 1cm，宽 3.5mm，基部有小耳。果序长约 8cm，荚果椭圆形，长 1.2—1.7cm，宽 1.1cm，先端钝圆，具细尖，黑色。

生长环境：生于海拔 800—1350m 的山谷或山坡密林中。

保护级别：国家二级保护野生植物。

野大豆 *

Glycine soja

被子植物 豆科

形态特征：一年生地生缠绕草本，长 1—4m。茎、小枝疏被褐色长硬毛。叶具 3 小叶，长可达 14cm；托叶卵状披针形，急尖，被黄色柔毛。顶生小叶卵圆形或卵状披针形，长 3.5—6cm，宽 1.5—2.5cm，先端锐尖至钝圆，基部近圆形，全缘，两面均被绢状的糙伏毛。花小，长约 5mm；花梗密生黄色长硬毛；花萼钟状，密生长毛，裂片 5 片；花冠淡红紫色或白色，旗瓣近圆形，先端微凹，翼瓣斜倒卵形，有明显的耳，龙骨瓣比旗瓣及翼瓣短小，密被长毛。荚果长圆形，稍弯，长 17—23mm，宽 4—5mm，密被长硬毛；种子 2—3 颗，椭圆形，长 2.5—4.0mm，宽 1.8—2.5mm，褐色至黑色。花期 7—8 月，果期 8—10 月。

生长环境：生于潮湿的田边、园边、沟旁、河岸、湖边、沼泽、草甸及海边、岛屿向阳的矮灌丛或芦苇丛中。

保护级别：国家二级保护野生植物。

烟豆 *

Glycine tabacina

被子植物 豆科

形态特征：多年生地生草本。茎纤细而匍匐。叶具 3 小叶；托叶小，有纵脉纹，被柔毛；茎下部的小叶倒卵形或卵圆形，长 0.7—1.2cm，宽 0.4—0.8cm，先端钝圆、截平或微凹，具短尖，基部圆形；上部的小叶卵状披针形、长椭圆形至线形，长 1.2—3.2cm，宽 5—8mm，先端具短尖，两面被紧贴白色短柔毛，下面的较密；总状花序柔弱延长，长 1.0—5.5cm；花疏离，长约 8mm，生于短柄上，在植株下部常单生于叶腋，或 2—3 朵聚生；花萼膜质，裂片 5，上面 2 片合生至中部；花冠紫色至淡紫色。荚果长圆形而劲直，长 2.0—2.5cm，宽约 2mm，被紧贴、白色的柔毛；种子 2—5 颗，褐黑色，种皮具呈星状凸起的颗粒状小瘤。花期 3—7 月，果期 5—10 月。

生长环境：生于海边岛屿的山坡或荒坡草地上。

保护级别：国家二级保护野生植物。

短绒野大豆 *

Glycine tomentella

被子植物 豆科

形态特征：多年生地生缠绕或匍匐草本。茎粗壮，全株通常密被黄褐色的茸毛。叶具 3 小叶；托叶卵状披针形，长 2.5—3.0mm，有脉纹，被黄褐色茸毛；叶柄长 1.5cm；小叶纸质，椭圆形或卵圆形，长 1.5—2.5cm，宽 1.0—1.5cm，先端钝圆形，具短尖头，上面密被黄褐色茸毛，下面毛较稀疏。总状花序长 3—7cm，被黄褐色茸毛。花长约 10mm，宽约 5mm，单生或 2—9 朵簇生于顶端；花萼膜质，钟状，具脉纹，长 4mm，裂片 5 片；花冠淡红色、深红色至紫色，旗瓣大，有脉纹，翼瓣与龙骨瓣较小，具瓣柄。荚果扁平而直，开裂，长 18—22mm，宽 4—5mm，密被黄褐色短柔毛，在种子之间缢缩；种子 1—4 颗，扁圆状方形，长与宽约 2mm，褐黑色，种皮具蜂窝状小孔和颗粒状小瘤凸。花期 7—8 月，果期 9—10 月。

生长环境：生于沿海及附近岛屿干旱坡地、平地或荒坡草地上。

保护级别：国家二级保护野生植物。

厚荚红豆

Ormosia elliptica

被子植物 豆科

形态特征：常绿乔木，高可达 30m。树皮光滑。叶为奇数羽状复叶，长 15—18cm；小叶通常 5 片，稀为 7 片，长椭圆形，长 3.3—9.0cm，宽 1—3cm，先端锐尖、短渐尖或钝，基部楔形，上面无毛，下面有疏毛，中脉尤密；中脉两面突起，侧脉 6—8 对。总状花序腋生或顶生。荚果椭圆形，长 4.5—5.6cm，宽 2.5—3.0cm；果瓣肥厚木质，厚 3—4mm，果瓣外面平滑无毛，具中果皮，内壁无横隔；种子通常 2—3 粒，椭圆形，红色，长 1.5—1.7cm，宽 1.0—1.3cm，厚 7—8mm，种脐长 8—10mm。花果期 6—10 月。

生长环境：生于路边、山坡林下或溪流旁。

保护级别：国家二级保护野生植物。

凹叶红豆

Ormosia emarginata

被子植物 豆科

形态特征：常绿乔木，通常高约 6m，稀可达 12m，有时呈灌木状。幼树树皮绿色，渐变为灰绿色；小枝绿色，无明显皮孔；芽有锈褐色毛。奇数羽状复叶，叶柄及叶轴有沟槽；小叶通常 3—5 片，稀为 7 片，厚革质，倒卵形或长椭圆形，长 1.4—7.0cm，宽 0.9—3.2cm，先端钝圆而有凹缺，基部圆或楔形，侧脉 7—8 对，细脉纤细，两面均隆起；小叶柄有凹槽及皱纹；圆锥花序顶生，长约 11cm；花萼 5 裂达中部；花冠白色或粉红色，旗瓣半圆形，长约 7mm，宽约 8mm，先端圆，翼瓣篦形，有长柄，基部耳状，龙骨瓣为不整齐的长圆形，基部有纤细的柄，一侧微呈耳形。荚果扁平，黑褐色或黑色，菱形或长圆形，长 3.0—5.5cm，宽 1.7—2.4cm，两端尖，木质，内面有隔膜；种子 1—4 粒，近圆形或椭圆形，微扁，长 7—10mm，宽 7mm，种皮鲜红色。花期 5—6 月。

生长环境：生于山坡、山谷的混交林内。

保护级别：国家二级保护野生植物。

花榈木

Ormosia henryi

被子植物 豆科

形态特征：常绿乔木，高可达 10m。小枝、叶轴、花序密被茸毛。1 回奇数羽状复叶，互生；小叶 5—9 片，革质，长圆形或长圆状倒披针形，长 5—12cm，先端钝或短尖，基部圆或宽楔形，叶缘微反卷，上面深绿色，光滑无毛，下面及叶柄均密被黄褐色茸毛。圆锥花序顶生，花萼钟形，花冠中央淡绿色，边缘绿色微带淡紫。荚果扁平，长椭圆形，长 5—12cm，宽 1.5—4.0cm，顶端有喙；果瓣革质，厚 2—3mm，紫褐色，内壁有横隔膜；种子 2—7 粒，椭圆形，长 8—15mm，种皮鲜红色。花期 7—8 月，果期 10—11 月。

生长环境：生于海拔 100—1300m 的山坡、溪谷两旁杂木林内，常与杉木、枫香、马尾松、合欢等混生。

保护级别：国家二级保护野生植物。

红豆树

Ormosia hosiei

被子植物 豆科

形态特征：常绿或落叶乔木，高达20—30m；树皮灰绿色，平滑，小枝绿色。奇数羽状复叶，长12—23cm；小叶通常2对，薄革质，卵形或卵状椭圆形，先端急尖或渐尖，基部圆形或阔楔形。圆锥花序顶生或腋生，长15—20cm，下垂；花冠白色或淡紫色，旗瓣倒卵形，长1.8—2.0cm，翼瓣与龙骨瓣均为长椭圆形。荚果近圆形，扁平，长3.3—4.8cm，宽2.3—3.5cm，先端有短喙；种子1—2粒，近圆形或椭圆形，长1.5—1.8cm，宽1.2—1.5cm，厚约5mm，种皮红色。花期4—5月，果期10—11月。

生长环境：生于海拔200—900m的河旁、山坡、山谷林内。

保护级别：国家二级保护野生植物。

韧荚红豆

Ormosia indurata

被子植物 豆科

形态特征：常绿乔木，高 5—9m。奇数羽状复叶，长 8—15cm；小叶通常 3—4 对，对生，革质，倒披针形或椭圆形，长 2.5—6.0cm，宽 7—19mm，先端钝，微凹，基部楔形，边缘微反卷。圆锥花序顶生，未开花时长约 5cm；花瓣白色。荚果木质，倒卵形或长圆形，长 3.0—4.5cm，径 2.0—2.5cm，先端尖；种子 1—2 粒，椭圆形，微压扁，长约 1cm，径约 7mm，种皮坚硬，红褐色，有光泽，长约 2mm。

生长环境：生于杂木林内。

保护级别：国家二级保护野生植物。

小叶红豆

Ormosia microphylla

被子植物 豆科

形态特征：常绿灌木或乔木，高3—10m；树皮灰褐色，不裂。奇数羽状复叶，近对生，长12—16cm；小叶5—7对，纸质，椭圆形，长1.5—4.0cm，宽1.0—1.5cm，先端急尖，基部圆，上面榄绿色，下面苍白色。花序顶生。荚果近菱形或长椭圆形，长5—6cm，宽2—3cm，压扁，顶端有小尖头；种子3—4粒，长2.2cm，宽6—8mm，种皮红色，坚硬，微有光泽。

生长环境：生于密林中。

保护级别：国家一级保护野生植物。

软荚红豆

Ormosia semicastrata

被子植物 豆科

形态特征：常绿乔木，高达12m；树皮褐色，有不规则的裂纹。奇数羽状复叶，长18—24cm；小叶1—2对，革质，卵状长椭圆形或椭圆形，长4—14cm，宽2—6cm，先端渐尖或急尖，钝头或微凹，基部圆形或宽楔形。圆锥花序顶生；花小，长约7mm；花冠白色，旗瓣近圆形，翼瓣线状倒披针形，龙骨瓣长圆形。荚果小，近圆形，革质，光亮，长1.5—2.0cm，顶端具短喙；种子1粒，扁圆形，鲜红色，长和宽约9mm，厚6mm。花期4—5月。

生长环境：生于海拔240—910m的山地、路旁、山谷杂木林中。

保护级别：国家二级保护野生植物。

木荚红豆

Ormosia xylocarpa

被子植物 豆科

形态特征：常绿乔木，高 12—20m。树皮灰色或棕褐色，平滑。奇数羽状复叶，长 8—24cm；小叶通常 2—3 对，厚革质，长椭圆形或长椭圆状倒披针形，长 3—14cm，宽 1.3—6.0cm，先端钝圆或急尖，基部楔形或宽楔形，边缘微向下反卷。圆锥花序顶生，长 8—14cm；花大，长 2.0—2.5cm；花冠白色或粉红色，各瓣近等长。荚果倒卵形至长椭圆形或菱形，长 5—7cm，宽 2—4cm，厚 1.5cm；有种子 1—5 粒，横椭圆形或近圆形，长 0.8—1.3cm，宽 6—8mm，厚 4—5mm，种皮红色，光亮。花期 6—7 月，果期 10—11 月。

生长环境：生于海拔 230—1600m 的山坡、山谷、路旁、溪边疏林或密林内。

保护级别：国家二级保护野生植物。

政和杏 *

Prunus zhengheensis

被子植物 蔷薇科

形态特征： 落叶乔木，树高达 35—40m。叶片长椭圆形至倒卵状长圆形，长 7.5—15.0cm，宽 3.5—4.5cm，先端渐尖至长尾尖，基部截形或圆形，叶边缘具不规则的细小单锯齿，齿尖有腺体，下面浅灰白色，密被灰白色长柔毛；叶柄中上部具 2—4 个腺体。花单生，直径 3cm，先于叶开放；花瓣椭圆形，长 1.5cm，宽 0.8—0.9cm，粉红色至淡粉红色，具短爪，先端圆钝。核果卵圆形，果皮黄色，阳面有红晕，微被柔毛；核长椭圆形，长 2.0—2.5cm，宽 1.8cm，黄褐色，两侧扁平，顶端圆钝，基部对称，表面粗糙，有网状纹。花期 3—4 月，果期 6—7 月。

生长环境： 生于海拔 800—1200m 的山地阔叶林中。

保护级别： 国家二级保护野生植物。

银粉蔷薇

Rosa anemoniflora

被子植物 蔷薇科

形态特征：常绿攀援灌木，散生钩状皮刺。小叶3片，稀5片，连叶柄长4—11cm；小叶片卵状披针形或长圆状披针形，长2—6cm，宽0.8—2.0cm，先端渐尖，基部圆形或宽楔形，边缘有紧贴细锐锯齿，两面无毛；托叶狭，极大部分贴生于叶柄，仅顶端分离，离生部分披针形，边缘有带腺锯齿。花单生或成伞房花序，稀有伞房圆锥花序；花直径2.0—2.5cm；花瓣粉红色，倒卵形，先端微凹，基部楔形。果实卵球形，直径约7mm，紫褐色，无毛。花期3—5月，果期6—8月。

生长环境：多生于海拔400—1000m的山坡、荒地、路旁、河边等处。

保护级别：国家二级保护野生植物。

广东蔷薇

Rosa kwangtungensis

被子植物 蔷薇科

形态特征：常绿攀援灌木，有长匍枝；皮刺小，基部膨大，稍向下弯曲。小叶5—7片，连叶柄长3.5—6.0cm；小叶片椭圆形、长椭圆形或椭圆状卵形，长1.5—3.0cm，宽8—15mm，先端急尖或渐尖，基部宽楔形或近圆形，边缘有细锐锯齿，上面沿中脉有柔毛，下面被柔毛；托叶大部贴生于叶柄，离生部分披针形，边缘有不规则细锯齿。顶生伞房花序，直径5—7cm，有花4—15朵；花直径1.5—2.0cm；花瓣白色，倒卵形。果实球形，直径7—10mm，紫褐色，有光泽。花期3—5月，果期6—7月。

生长环境：多生于海拔100—500m的山坡、路旁、河边，或灌丛中。

保护级别：国家二级保护野生植物。

长序榆

Ulmus elongata

被子植物 榆科

形态特征：落叶乔木，高达 30m。树皮灰白色，裂成不规则片状脱落。叶椭圆形或披针状椭圆形，幼树的叶（有时小枝顶端的叶）常较窄，多呈披针状，长 7—19cm，宽 3—8cm，基部微偏斜或近对称，楔形或圆形，叶背幼时除脉上外密生绢状毛，其后仍有或密或疏的毛，边缘具大而深的重锯齿；托叶披针形至窄披针形，基部宽，一侧半心形，早落。总状聚伞花序，花序轴明显地伸长，下垂。翅果窄长，两端渐窄而尖，似梭形，淡黄绿色或淡绿色，长 2.0—2.5cm，宽约 3mm，果核位于翅果中部稍向上。花期 3 月中、下旬，果期 4 月上、中旬。

生长环境：生于海拔 250—900m 的常绿阔叶林中。

保护级别：国家二级保护野生植物。

大叶榉树

Zelkova schneideriana

被子植物 榆科

形态特征：落叶乔木，高达 35m。树皮灰褐色至深灰色，呈不规则的片状剥落。叶厚纸质，大小形状变异很大，卵形至椭圆状披针形，长 3—10cm，宽 1.5—4.0cm，先端渐尖、尾状渐尖或锐尖，基部稍偏斜，圆形、宽楔形、稀浅心形，叶面被糙毛，叶背密被柔毛，边缘具圆齿状锯齿。雄花 1—3 朵簇生于叶腋，雌花或两性花常单生于小枝上部叶腋。核果几乎无梗，淡绿色，斜卵状圆锥形，上面偏斜，凹陷，直径 2.5—3.5mm，具背腹脊，网肋明显。花期 4 月，果期 9—11 月。

生长环境：常生于海拔 200—1100m 的溪涧水旁或山坡土层较厚的疏林中。

保护级别：国家二级保护野生植物。

尖叶栎

Quercus oxyphylla

被子植物 壳斗科

形态特征：常绿乔木，高达 20m。树皮黑褐色，纵裂。小枝密被苍黄色星状茸毛，常有细纵棱。叶片卵状披针形、长圆形或长椭圆形，长 5—12cm，宽 2—6cm，顶端渐尖或短渐尖，基部圆形或浅心形，叶缘上部有浅锯齿或全缘，幼叶两面被星状茸毛，老时仅叶背被毛。壳斗杯形，包着坚果约 1/2，连小苞片直径 1.8—2.5cm，高 1.2—1.5cm。坚果长椭圆形或卵形，直径 1.0—1.4cm，高 2.0—2.5cm，顶端被苍黄色短茸毛。花期 5—6 月，果期翌年 9—10 月。

生长环境：生于山坡、山谷地带及山顶阳处或疏林中。

保护级别：国家二级保护野生植物。

川苔草 *

Cladopus chinensis

被子植物 川苔草科

形态特征：多年生水生草本。根较宽，扁平，背腹式，肉质，深绿色，羽状分枝，宽 0.8—2.9mm。茎短，着生于根分枝的枝腋，互生或近对生；能育枝较矮小，倒卵形，高 3.3—4.0mm。叶生于不育枝上为线形，排成莲座状，开花时脱落，生于能育枝上为掌状，常具 6—9 指状裂片，2 列，互生，通常上部的掌状叶与下部的掌状叶大小近相等。花两性，单生于能育枝顶端，幼时包藏于深绿色至暗红色的佛焰状联合苞片内，有短梗。蒴果球形，直径 1—2mm。花期 9—12 月，果期 1—3 月。

生长环境：生于江河激流处，固着于水底石块或岩石上。

保护级别：国家二级保护野生植物。

福建飞瀑草*

Cladopus fukienensis

被子植物 川苔草科

形态特征：多年生水生草本。根狭长而扁平，绿色而常带红，宽0.5—3.0mm，羽状分枝，借吸器紧贴于石上。不育枝上有簇生、线形、长3—4mm的叶，春季顶端常变紫色，夏季黄绿色；能育枝上的叶常作指状分裂，长1—2mm，宽1—3mm，覆瓦状排列，上部的叶常较下部的为大，花后叶脱落。花单朵顶生，花葶长5mm；佛焰苞斜球形，直径约2mm。蒴果椭圆状，长1.5—2.0mm。花期冬季。

生长环境：生于水流湍急的河川及瀑布下。

保护级别：国家二级保护野生植物。

川藻 *

Terniopsis sessilis

被子植物 川苔草科

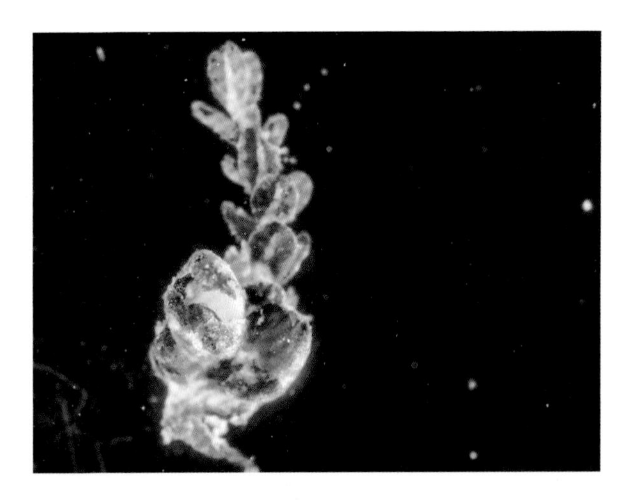

形态特征：多年生水生草本。根肉质，粉红色或紫红色，长 12cm，宽 1.0—1.4mm，具羽状分枝，借吸器贴生于水底石块、木桩上。茎多数，分布于根的边缘，长 7—9mm，有 5—10 枚叶片。叶为单叶，扁平，无柄，全缘，3 列，上面 1 列较大，直立，侧面 2 列较小，向外开展，通常顶部的叶片较基部的大，长 0.5—1.0mm，宽 0.4—0.5mm。花两性，小，单生或成对，生于茎基部第 1 片叶的腋内；苞片 2 枚，盔形，深紫色；花被裂片 3 片，紫色或紫绿色。蒴果椭圆状，裂成相等的 3 片。花期冬季。

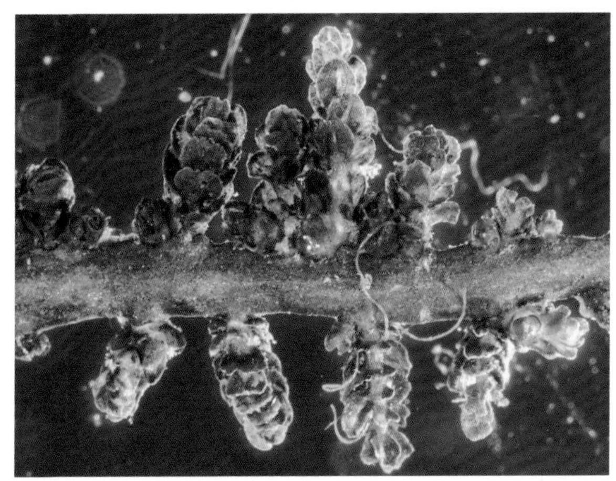

生长环境：生于水流湍急的水底岩石、木桩上。

保护级别：国家二级保护野生植物。

备注：在《国家重点保护野生植物名录》中属名为 *Dalzellia*。

永泰川藻 *

Terniopsis yongtaiensis

被子植物 川苔草科

形态特征：多年生水生草本；根肉质，扁平至半圆形，宽约 1mm，单轴分枝，贴生于水底石块，水中呈墨绿色，开花时或水浅时转为紫红色。营养性茎多数，分布于根的两侧边缘，直立，有近 60 枚叶片。叶为单叶，扁平，无柄，全缘，近 2 列，长约 1.73mm，宽约 0.65mm，生长过程中下部的叶片逐渐脱落；次生茎，生长于营养性茎的侧边，有 1—2 分枝，直立，叶片 3 列，近等大，较营养性茎的叶小。待结果后，茎和叶全部枯死。花两性，小，单生，有柄，生于次生茎基部第 1 片叶的腋内；苞片 2 枚，盔形，薄膜质，桃红色；花被裂片 3，紫红色，呈三角圆形。蒴果呈倒卵球形，成熟时裂成相等的 3 片。花期 12 月至翌年 1 月，果期 1—2 月。

生长环境：附生于海拔约 100m 的溪流的岩石壁上。

保护级别：国家二级保护野生植物。

备注：在《国家重点保护野生植物名录》中属名为 *Dalzellia*。

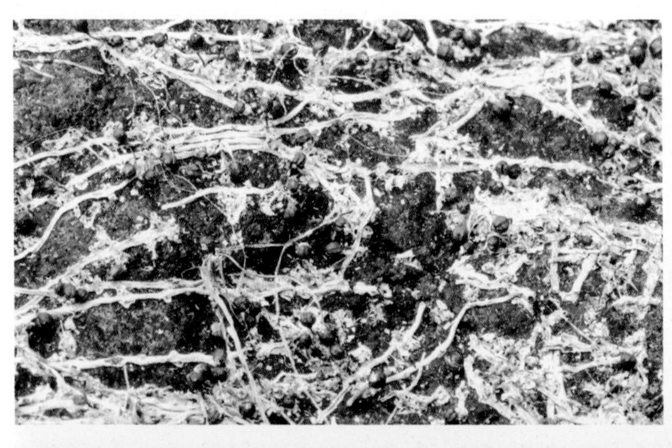

细果野菱 * 别名：野菱

Trapa incisa

被子植物 千屈菜科

形态特征：一年生浮水水生草本。根 2 型：着泥根细铁丝状，着生水底泥中；同化根，羽状细裂，裂片丝状。叶 2 型：浮水叶互生，聚生在主茎和分枝茎顶，在水面形成莲座状菱盘，叶片较小、斜方形或三角状菱形，叶柄中上部稍膨大、绿色无毛；沉水叶小，早落。花小，单生于叶腋；花瓣 4 片，白色或带微紫红色。果三角形，果高 1.5cm，果表面凹凸不平，4 刺角细长，2 肩角刺斜上举，2 腰角斜下伸，细锥状。花期 5—10 月，果期 7—11 月。

生长环境：生于浅水湖泊或池塘中。

保护级别：国家二级保护野生植物。

龙眼 *

Dimocarpus longan

被子植物 无患子科

形态特征：常绿乔木，高常 10m 以上。叶连柄长 15—30cm 或更长；小叶通常 4—5 对，薄革质，长圆状椭圆形至长圆状披针形，两侧常不对称，长 6—15cm，宽 2.5—5.0cm，顶端短尖，有时稍钝头，基部极不对称，上侧阔楔形至截平，几与叶轴平行，下侧窄楔尖。花序大型，多分枝，顶生和近枝顶腋生，密被星状毛；花瓣乳白色，披针形，与萼片近等长。果近球形，直径 1.2—2.5cm，黄褐色或灰黄色；种子茶褐色，光亮，全部被肉质的假种皮包裹。花期春夏间，果期夏季。

生长环境：生于山地疏林中。

保护级别：国家二级保护野生植物。

伞花木

Eurycorymbus cavaleriei

被子植物 无患子科

形态特征：落叶乔木，高可达20m。叶连柄长15—45cm；小叶4—10对，近对生，薄纸质，长圆状披针形或长圆状卵形，长7—11cm，宽2.5—3.5cm，顶端渐尖，基部阔楔形，腹面仅中脉上被毛，背面近无毛或沿中脉两侧被微柔毛；侧脉纤细而密，末端网结。花序半球状，稠密而极多花，主轴和呈伞房状排列的分枝均被短茸毛；花芳香；萼片长1.0—1.5mm；花瓣长约2mm。蒴果的发育果片长约8mm，宽约7mm，被茸毛；种子黑色，种脐朱红色。花期5—6月，果期10月。

生长环境：生于海拔300—1400m的阔叶林中。

保护级别：国家二级保护野生植物。

山橘 *

Fortunella hindsii

被子植物 芸香科

形态特征：常绿灌木或乔木，树高 3m 以内。多枝，刺短小。单身复叶或有时兼有少数单叶，叶翼线状或明显，小叶片椭圆形或倒卵状椭圆形，长 4—6cm，宽 1.5—3.0cm，顶端圆，稀短尖或钝，基部圆或宽楔形，近顶部的叶缘有细裂齿，稀全缘，质地稍厚。花单生及少数簇生于叶腋；花萼 5 或 4 浅裂；花瓣 5 片，长不超过 5mm；雄蕊花丝合生成 4 束或 5 束。果圆球形或稍呈扁圆形，横径稀超过 1cm，果皮橙黄或朱红色；种子 3—4 粒，阔卵形，饱满，顶端短尖，平滑无脊棱。花期 4—5 月，果期 10—12 月。

生长环境：生于低海拔疏林中。

保护级别：国家二级保护野生植物。

金豆 *

Fortunella venosa

被子植物 芸香科

形态特征：常绿灌木，高通常不超过 1m。枝干上的刺长 1—3cm，花枝上的刺长不及 5mm。单叶，叶片椭圆形，稀倒卵状椭圆形，通常长 2—4cm，宽 1.0—1.5cm，或较小，顶端圆或钝，稀短尖，基部短尖，全缘。单花腋生，常位于叶柄与刺之间；花萼 5—3 裂；花瓣白色，长 3—5mm，卵形，顶端尖；雄蕊花丝合生呈筒状，少数为两两合生。果圆或椭圆形，横径 6—8mm，果顶稍浑圆，有短凸柱，果皮透熟时橙红色；种子 2—4 粒，阔卵形或扁圆形，平滑无棱，端尖或钝。花期 4—5 月，果期 11 月至翌年 1 月。

生长环境：生于山地疏林中。

保护级别：国家二级保护野生植物。

川黄檗

Phellodendron chinense

被子植物 芸香科

形态特征：落叶乔木，树高达 15m。成年树有厚、纵裂的木栓层，内皮黄色。叶轴及叶柄粗壮，通常密被褐锈色或棕色柔毛，小叶 7—15 片，纸质，长圆状披针形或卵状椭圆形，长 8—15cm，宽 3.5—6.0cm，顶部短尖至渐尖，基部阔楔形至圆形，两侧通常略不对称，全缘或浅波浪状。花序顶生，花序轴粗壮，密被短柔毛。果多数密集成团，果为顶部略狭窄的椭圆形或近圆球形，径 1.0—1.5cm，蓝黑色；种子通常 5—8 粒，长 6—7mm，厚 5—4mm，一端微尖，有细网纹。花期 5—6 月，果期 9—11 月。

生长环境：生于海拔 900m 以上的杂木林中。

保护级别：国家二级保护野生植物。

土沉香

Aquilaria sinensis

被子植物 瑞香科

形态特征：常绿乔木，高 5—15m。树皮暗灰色，几平滑。叶革质，圆形、椭圆形至长圆形，有时近倒卵形，长 5—9cm，宽 2.8—6.0cm，先端锐尖或急尖而具短尖头，基部宽楔形。花芳香，黄绿色，伞形花序；萼筒浅钟状，长 5—6mm，5 裂；花瓣 10 片，鳞片状，着生于花萼筒喉部。蒴果卵球形，幼时绿色，长 2—3cm，直径约 2cm，顶端具短尖头，基部渐狭，密被黄色短柔毛，2 瓣裂；种子褐色，卵球形，长约 1cm，宽约 5.5mm。花期春夏，果期夏秋。

生长环境：喜生于低海拔的山地、丘陵疏林中。

保护级别：国家二级保护野生植物。

伯乐树 别名：钟萼木

Bretschneidera sinensis

被子植物 叠珠树科

形态特征：落叶乔木，高 10—20m。羽状复叶通常长 25—45cm；小叶 7—15 片，纸质或革质，狭椭圆形，菱状长圆形，长圆状披针形或卵状披针形，多少偏斜，全缘，顶端渐尖或急短渐尖，基部钝圆或短尖、楔形，叶背粉绿色或灰白色，有短柔毛。花序长 20—36cm；淡红色，直径约 4cm，花瓣阔匙形或倒卵楔形，顶端浑圆，长 1.8—2.0cm，宽 1.0—1.5cm。果椭圆球形、近球形或阔卵形，长 3.0—5.5cm，直径 2.0—3.5cm；种子椭圆球形，成熟时长约 1.8cm，直径约 1.3cm。花期 3—9 月，果期 5 月至翌年 4 月。

生长环境：生于海拔 500—1700m 的山地阔叶林中。

保护级别：国家二级保护野生植物。

金荞麦 *

Fagopyrum dibotrys

被子植物 蓼科

形态特征：多年生地生草本，茎直立，高 50—100cm。分枝，具纵棱。叶三角形，长 4—12cm，宽 3—11cm，顶端渐尖，基部近戟形，边缘全缘，两面具乳头状突起或被柔毛；托叶鞘筒状，膜质，褐色，长 5—10mm，偏斜，顶端截形，无缘毛。花序伞房状，顶生或腋生；苞片卵状披针形，顶端尖，边缘膜质，每苞内具 2—4 花；花梗中部具关节，与苞片近等长；花被 5 深裂，白色，花被片长椭圆形，长约 2.5mm。瘦果宽卵形，具 3 锐棱，长 6—8mm，黑褐色，无光泽。花期 7—9 月，果期 8—10 月。

生长环境：生于山谷湿地、山坡灌丛。

保护级别：国家二级保护野生植物。

蛛网萼

Platycrater arguta

被子植物 绣球花科

形态特征：落叶灌木，高 0.5—3.0m。茎下部近平卧或匍匐状。叶膜质至纸质，披针形或椭圆形，长 9—15cm，宽 3—6cm，先端尾状渐尖，基部狭楔形，边缘有粗锯齿或小齿。伞房状聚伞花序；不育花萼 3—4 片，阔卵形，中部以下合生，轮廓三角形或四方形，直径 2.5—2.8cm；孕性花萼 4—5 齿，卵状三角形或披针形；花瓣卵形，长约 7mm，稍不等宽。蒴果倒圆锥状，长 8—9mm；种子暗褐色，椭圆形，两端有长 0.3—0.5mm 的薄翅。花期 7 月，果期 9—10 月。

生长环境：生于山谷水旁林下或山坡石旁灌丛中。

保护级别：国家二级保护野生植物。

茶 *

Camellia sinensis

被子植物 山茶科

形态特征：常绿灌木或乔木，嫩枝无毛。叶革质，长圆形或椭圆形，长 4—12cm，宽 2—5cm，先端钝或尖锐，基部楔形，上面发亮，下面无毛或初时有柔毛，边缘有锯齿。花 1—3 朵腋生，白色，花柄长 4—6mm，有时稍长；苞片 2 片，早落；萼片 5 片，阔卵形至圆形，长 3—4mm，无毛，宿存；花瓣 5—6 片，阔卵形，长 1.0—1.6cm，基部略连合，背面无毛，有时有短柔毛；雄蕊基部连生；子房密生白毛；花柱先端 3 裂，裂片长 2—4mm。蒴果 3 球形或 1—2 球形，高 1.1—1.5cm，每球有种子 1—2 粒。花期 10 月至翌年 2 月。

生长环境：多生于各地云雾山地。

保护级别：国家二级保护野生植物。

软枣猕猴桃 *

Actinidia arguta

被子植物 猕猴桃科

形态特征：落叶藤本。小枝基本无毛或幼嫩时薄被柔软茸毛；髓白色至淡褐色，片层状。叶膜质或纸质，卵形、长椭圆形、阔椭圆形至倒阔卵形，长 6—12cm，宽 3.5—8.0cm，顶端急尖至短尾尖，基部阔楔形至浅心形，等侧或稍不等侧，边缘具繁密锯齿。聚伞花序腋生，1—7 花；花绿白色；萼片 4—6 枚，卵圆形至长圆形；花瓣 4—6 片，楔状倒卵形或长圆形，常不等大。果圆球形至柱状长圆形，长 2—3cm，无毛，无斑点，不具宿存萼片。花期 6—7 月，果期 9—10 月。

生长环境：生于海拔 700—2100m 的山谷杂木林或山顶矮林中。

保护级别：国家二级保护野生植物。

中华猕猴桃 *

Actinidia chinensis

被子植物 猕猴桃科

形态特征：落叶藤本。小枝连同叶柄密被或厚或薄灰白色或灰棕色茸毛，老时秃净；髓白色至淡褐色，片层状。叶纸质，倒阔卵形至近圆形，长 6—13cm，宽 7—14cm，顶端平截、微凹或突尖，基部钝圆形、截平形至浅心形，边缘具小齿，背面密被灰白色或淡褐色星状茸毛。聚伞花序 1—3 花；花初时白色，后变淡黄色，萼片 4—6 片，阔卵形至卵状长圆形；花瓣 4—6 片，阔倒卵形。果黄褐色，近球形至长圆形，长 4—5cm，疏被黄褐色短茸毛，具棕黄色斑点。花期 5—6 月，果期 9—10 月。

生长环境：生于海拔 500—1400m 的山谷林缘或山坡灌丛中。

保护级别：国家二级保护野生植物。

江西杜鹃

Rhododendron kiangsiense

被子植物 杜鹃花科

形态特征：常绿灌木，高约 1m。幼枝被鳞片。叶片革质，长圆状椭圆形，长 4—5cm，宽 2.0—2.5cm，顶端钝尖具小短尖头，基部楔形或钝尖，边缘略反卷，上面深色、无鳞片，下面灰色、被鳞片；叶柄疏生粗毛，被鳞片。花序顶生，伞形，有花 2 朵；花梗密被鳞片；花萼长 7—8mm，5 裂，裂片卵形，边缘波状，外面被鳞片；花冠宽漏斗形，长 4.0—6.2cm，直径 4cm，白色，外面被鳞片，5 裂，裂片圆形，直径 2.4cm，边缘波状；子房密被鳞片，花柱基部被鳞片。

生长环境：生于海拔 1300m 以上山地林中、林缘或山顶沟谷灌丛中。

保护级别：国家二级保护野生植物。

香果树

Emmenopterys henryi

被子植物 茜草科

形态特征：落叶乔木，高达 30m。树皮灰褐色，鳞片状。叶纸质或革质，阔椭圆形、阔卵形或卵状椭圆形，长 6—30cm，宽 3.5—14.5cm，顶端短尖或骤然渐尖，基部短尖或阔楔形，全缘；托叶大，三角状卵形，早落。圆锥状聚伞花序顶生；变态的叶状萼裂片白色、淡红色或淡黄色，匙状卵形或广椭圆形，长 1.5—8.0cm，宽 1—6cm；花冠漏斗形，白色或黄色，长 2—3cm。蒴果长圆状卵形或近纺锤形，长 3—5cm，径 1.0—1.5cm；种子多数，有阔翅。花期 6—8 月，果期 8—11 月。

生长环境：生于海拔 430—1630m 的山谷林中。

保护级别：国家二级保护野生植物。

巴戟天

Morinda officinalis

被子植物 茜草科

形态特征：地生常绿藤本。肉质根肠状缢缩。枝具棱。叶纸质，长圆形、卵状长圆形或倒卵状长圆形，长6—13cm，宽3—6cm，顶端急尖或具小短尖，基部圆形或楔形，边全缘；托叶干膜质，易碎落。花序单生或数个伞形排列于枝顶；头状花序具花4—10朵；花萼下部与邻近花萼合生，顶部具波状齿；花冠白色，近钟状，长6—7mm。聚花核果由多花或单花发育而成，熟时红色，扁球形或近球形，直径5—11mm；种子熟时黑色，略呈三棱形。花期5—7月，果期10—11月。

生长环境：生于山地疏林、密林下和灌丛中，常攀于灌木或树干上。

保护级别：国家二级保护野生植物。

盾鳞狸藻 *

Utricularia punctata

被子植物 狸藻科

形态特征：水生草本。匍匐枝具稀疏的分枝。叶器多数，互生，长 2—6cm，2 或 3 深裂几达基部，裂片先羽状深裂，后 2 至数回二歧状深裂；末回裂片毛发状。捕虫囊少数，侧生于叶器裂片上，斜卵球形，侧扁，长 1—2mm。花序直立，长 6—20cm，中部以上具 5—8 朵多少疏离的花；苞片中部着生，呈盾状；花冠淡紫色，长 6—10mm，喉突隆起呈浅囊状，具黄斑。蒴果椭圆球形，长约 3mm，果皮膜质，室背开裂。种子少数，双凸镜状，边缘环生具不规则牙齿的翅。花期 6—8 月，果期 7—9 月。

生长环境：生于低海拔的稻田灌溉渠中。

保护级别：国家二级保护野生植物。

苦梓

Gmelina hainanensis

被子植物 唇形科

形态特征：落叶乔木，高约15m。树皮灰褐色，呈片状脱落。叶对生，厚纸质，卵形或宽卵形，长5—16cm，宽4—8cm，全缘，稀具1—2粗齿，顶端渐尖或短急尖，基部宽楔形至截形，背面被微茸毛，基生脉三出。聚伞花序排成顶生圆锥花序，总花梗长被黄色茸毛；花萼钟状，二唇形；花冠漏斗状，黄色或淡紫红色，长3.5—4.5cm，两面均有灰白色腺点，二唇形，下唇3裂，中裂片较长，上唇2裂；二强雄蕊。核果倒卵形，顶端截平，肉质，长2.0—2.2cm，着生于宿存花萼内。花期5—6月，果期6—9月。

生长环境：生于海拔250—500m的山坡疏林中。

保护级别：国家二级保护野生植物。

竹节参 *

Panax japonicus

被子植物 五加科

形态特征： 多年生地生草本，根状茎横生，常为竹鞭状。叶为掌状复叶，3—5 枚轮生于茎顶；小叶 3—5 片，中央小叶片宽椭圆形、椭圆形、椭圆状卵形至倒卵状椭圆形，长 5—15cm，宽 2.5—6.5cm，先端渐尖或急尖，基部楔形或圆形，最下方两片小叶较小，基部常偏斜，边缘有细锐锯齿或重锯齿。伞形花序单生于茎顶，有时花葶上部再生 1 个至数个小伞形花序，直径 0.5—2.0cm，有花 50—80 朵或更多；花淡绿色或带白色。果近球形或球状肾形。种子三角状长卵形。花期 6—8 月，果期 8—10 月。

生长环境： 生于海拔 800—1400m 的山谷林下水沟边或阴湿岩石旁。

保护级别： 国家二级保护野生植物。

珊瑚菜 * 别名：北沙参

Glehnia littoralis

被子植物 伞形科

形态特征：多年生沙生草本。全株被白色柔毛。根细长，圆柱形或纺锤形。叶多数基生，有长柄；叶片轮廓呈圆卵形至长圆状卵形，3 出式分裂至 3 出式 2 回羽状分裂，末回裂片倒卵形至卵圆形，顶端圆形至尖锐，基部楔形至截形，边缘有缺刻状锯齿；茎生叶与基生叶相似，叶柄基部逐渐膨大成鞘状，有时茎生叶退化成鞘状。复伞形花序顶生，径 3—6cm；伞辐 8—16 个；小伞形花序有花 15—20 朵；花瓣白色或带淡紫色。果实近圆球形或倒广卵形，果棱有木栓质翅；分生果横剖面半圆形。花果期 6—8 月。

生长环境：生长于海边沙滩地。

保护级别：国家二级保护野生植物。

中文名索引

拉丁学名索引

参考文献

中国科学院中国植物志编辑委员会 .1959—1999. 中国植物志 [M]. 北京:科学出版社 .

中国科学院植物研究所 .1972. 中国高等植物图鉴 : 第 1 册 [M]. 北京:科学出版社 .

福建植物志编辑委员会 .1980—1995. 福建植物志 [M]. 福州:福建科学技术出版社 .

江西植物志编辑委员会 .1993. 江西植物志:第 1 卷 [M]. 南昌:江西科学技术出版社 .

ZHANG M, ZHANG X H, GE C L, et al. 2022. Terniopsis yongtaiensis (Podostemaceae), a new species from South East China based on morphological and genomic data[J]. PhytoKeys, 194: 105–122.

ZHANG M, ZHANG X H, GE C L, et al. 2022. Danxiaorchis mangdangshanensis (Orchidaceae, Epidendroideae), a new species from central Fujian Province based on morphological and genomic data[J]. PhytoKeys, 212: 37–55.